传感器原理及应用

主编 彭学勤 李喜英

电子工业出版社
Publishing House of Electronics Industry
北京·BEIJING

内 容 简 介

本书是一本实践性很强的实训教材,采用任务式编写模式,每个任务包含若干个活动。本书以部署物联网领域应用最为广泛的三个信息采集系统为主线,介绍应变式电阻传感器、电容式传感器、电感式传感器、压电传感器、超声波传感器、霍尔传感器、温度传感器、湿度传感器、光电传感器和气敏传感器的相关知识,通过模拟搭建若干个应用场景,使学生充分理解传感器的工作原理、结构特征、电路装配、系统调试等内容,培养学生对传感器的应用能力。

本书取材新颖、内容丰富、简练实用、深入浅出、条理清晰,并配有大量实物图片和习题,附录中的任务单可引导学生完成任务。

本书可作为中等职业学校物联网技术应用、电子技术应用、电气运行与控制、机电一体化技术、工业自动化仪表及应用等相关专业的教材,也可供从事电气检测、控制等工作的工程技术人员参考。

未经许可,不得以任何方式复制或抄袭本书之部分或全部内容。
版权所有,侵权必究。

图书在版编目(CIP)数据

传感器原理及应用 / 彭学勤,李喜英主编. —北京:电子工业出版社,2021.2
ISBN 978-7-121-40520-4

Ⅰ. ①传… Ⅱ. ①彭… ②李… Ⅲ. ①传感器-中等专业学校-教材 Ⅳ. ①TP212

中国版本图书馆 CIP 数据核字(2021)第 022557 号

责任编辑:白　楠
印　　刷:涿州市京南印刷厂
装　　订:涿州市京南印刷厂
出版发行:电子工业出版社
　　　　　北京市海淀区万寿路 173 信箱　邮编 100036
开　　本:787×1 092　1/16　印张:15.75　字数:403.2 千字
版　　次:2021 年 2 月第 1 版
印　　次:2022 年 1 月第 3 次印刷
定　　价:48.00 元

凡所购买电子工业出版社图书有缺损问题,请向购买书店调换。若书店售缺,请与本社发行部联系,联系及邮购电话:(010)88254888,88258888。
质量投诉请发邮件至 zlts@phei.com.cn,盗版侵权举报请发邮件至 dbqq@phei.com.cn。
本书咨询联系方式:(010)88254583,zling@phei.com.cn。

FOREWORD 前言

本书是根据中国就业培训技术指导中心与人力资源和社会保障部职业技能鉴定中心联合颁发的《传感器应用专项职业能力考核规范》中的能力标准与鉴定内容,按照以能力为本位、理论与实践一体化的原则而精心编撰的。

"传感器原理及应用"是物联网专业的一门专业基础课程。其目的让学生掌握物联网中的底层传感技术,夯实学生的物联网技术基础,培养合格的物联网技术人才。

为实现这一目的,在教材编写中设计了"部署透明工厂信息采集系统""部署小区智能安防信息采集系统""部署智慧交通信息采集系统"3个任务,将传感器理论知识和技能培训作为若干个活动嵌入其中,通过任务单来引导学生学习,每个任务均按照行动导向教学法的"情境描述、信息收集、分析计划、任务实施、检验评估"五个环节展开,形成了本书的特点和亮点:

1．场景模拟。模拟实际应用场景组织教学内容,每个任务都与实际应用场景相契合,使学生通过完成若干个活动,了解各类传感器的工作原理、应用等,自行部署相应的信息采集系统。

2．教材体例和呈现形式新颖。力求突出"以任务为载体、以学生为主体、以能力训练为目标"的编写特点,努力体现"做、学、教"一体化的职业教育教学特色。文字简洁、通俗易懂,图表结合,形象生动。装调系统兼顾成本及完成度,操作简单易行,使每个学生都能从实践中获得知识和快乐。

3．注重课程思政元素的融入。教材编写中体现育人思想,紧密结合安全文明生产和职业素质培养的相关内容,注重学生质量意识、安全意识、环保意识和合作意识的培养。

4．组建特色编写团队。结合本书实际情况,采取校企合作编写形式,发挥教师与行业企业专家各自优势,教师执笔,专家指导,合理分工,各展所长。

本书计划学时为66学时,各任务学时分配可参考下表。在实际教学中,任课教师可根据具体情况进行调整。

任 务	活 动	内 容	学 时		
			理论学时	实训学时	总学时
任务一:部署透明工厂信息采集系统	装调透明工厂定量分装系统	认知传感器	3	1	4
		认知应变式电阻传感器及装调系统	2	4	6
	装调透明工厂物料分拣系统	认知电感式传感器及装调系统	2	4	6
	装调透明工厂温度监控系统	认知温度传感器及装调系统	2	4	6
	装调透明工厂湿度检测系统	认知湿度传感器及装调系统	2	4	6
	系统综合部署		1	3	4

续表

任务	活动	内容	学时		
			理论学时	实训学时	总学时
任务二：部署小区智能安防信息采集系统	装调小区智能安防门禁系统	认知电容式传感器及装调系统	2	2	4
	装调小区智能安防防盗系统	认知霍尔传感器及装调系统	2	2	4
	装调小区周界防范报警系统	认知光电传感器及装调系统	2	4	6
	系统综合部署		1	3	4
任务三：部署智慧交通信息采集系统	装调电子警察系统	认知压电传感器及装调系统	2	2	4
	装调智能化停车场管理系统	认知超声波传感器及装调系统	2	2	4
	装调防酒驾系统	认知气敏传感器及装调系统	2	2	4
	系统综合部署		1	3	4
总学时			26	40	66

　　本书由河南省职业技术教育教学研究室组织编写，彭学勤、李喜英担任主编，其中，河南信息工程学校彭学勤编写了任务一的活动一及全书的实训部分，郑州市电子信息工程学校吴廷鑫编写了任务一的活动二，郑州财税金融职业学院韩佳芳编写了任务一的活动三和活动四，河南信息工程学校薛东亮编写了任务二的活动一和任务三的活动一，河南信息工程学校郭子川编写了任务二的活动二和活动三，郑州市电子信息工程学校李喜英编写了任务三的活动二和活动三。彭学勤负责全书的策划和组织编写工作，李喜英负责统稿、校对工作。本书由河南机电职业技术学院张艳审稿。

　　深圳市国慧教育科技有限公司傅军高级工程师对本书的编写提出了宝贵的意见和建议，并提供了大量珍贵素材，在此对他表示衷心感谢。同时，衷心感谢河南机电职业技术学院张艳老师的大力协作，她对本书的编写提出了宝贵的建议，并提供了部分资料。此外，编者还参考了一些书刊，并引用了一些资料，但这些文献未能一一列出，在此对相关作者表示衷心感谢。

　　为方便教学，本书配有免费电子课件、习题解答、教学大纲等，凡选用本书作为授课教材的学校，均可来电或通过邮件索取。

　　由于编者水平有限，加之时间仓促，书中难免有错误和不妥之处，恳请读者提出宝贵意见，以便修改。

编　者

CONTENTS 目录

任务一　部署透明工厂信息采集系统 ······································· 1
　　环节一　情境描述 ··· 1
　　环节二　信息收集 ··· 2
　　　　活动一　装调透明工厂定量分装系统 ··································· 2
　　　　活动二　装调透明工厂物料分拣系统 ································· 27
　　　　活动三　装调透明工厂温度监控系统 ································· 47
　　　　活动四　装调透明工厂湿度检测系统 ································· 64
　　环节三　分析计划 ··· 75
　　环节四　任务实施 ··· 78
　　环节五　检验评估 ··· 79

任务二　部署小区智能安防信息采集系统 ······························· 81
　　环节一　情境描述 ··· 81
　　环节二　信息收集 ··· 82
　　　　活动一　装调小区智能安防门禁系统 ································· 82
　　　　活动二　装调小区智能安防防盗系统 ································· 95
　　　　活动三　装调小区周界防范报警系统 ······························· 107
　　环节三　分析计划 ··· 124
　　环节四　任务实施 ··· 127
　　环节五　检验评估 ··· 128

任务三　部署智慧交通信息采集系统 ······································ 129
　　环节一　情境描述 ··· 129
　　环节二　信息收集 ··· 130
　　　　活动一　装调电子警察系统 ··· 130
　　　　活动二　装调智能化停车场管理系统 ······························· 145
　　　　活动三　装调防酒驾系统 ··· 160
　　环节三　分析计划 ··· 169
　　环节四　任务实施 ··· 172
　　环节五　检验评估 ··· 173

附录 A　传感器应用专项职业能力考核规范 ·· 175
附录 B　电子装接专项职业能力考核规范 ·· 177
附录 C　化工仪表维修工国家职业标准 ··· 179
附录 D　化学仪表中级工岗位规范 ·· 188
附录 E　任务单 ·· 191

任务一
部署透明工厂信息采集系统

> **活动：**
> 通过部署透明工厂信息采集系统，了解传感器的组成及作用，掌握应变式电阻传感器、电感式传感器、温度传感器、湿度传感器的功能和应用。

环节一　情境描述

透明工厂是指生产企业以可视化、信息化为手段，充分利用互联网、物联网、大数据、云计算等先进技术，对企业原料采购检验、生产加工、质量安全控制、产品流通及溯源信息和过程进行实时监控、记录，并通过互联网向社会公开，实现企业生产透明化、过程控制信息化、社会监督多样化。透明工厂包含的模块如图 1-0-1 所示。

订单管理模块接收订单，同时反馈库存信息；生产指导管理模块包括采购管理、计划管理、制造管理、品质管理、效率管理、设备管理、库存管理及精益生产几个方面，负责生产准备、监控生产过程和协调设备、材料、质量、人员等关系；执行与追溯管理模块的功能是在产品出现品质问题时，重现产品生产与制造过程，以便快捷追踪到问题原因；实时绩效、响应管理模块的功能是通过有效的目标分解和逐步逐层的落实，考核企业目标完成情况，按照一定的奖惩制度进行奖励和处分。

图 1-0-1　透明工厂包含的模块

生产过程控制信息化是透明工厂最显著的特点之一，也是执行与追溯管理模块的一项重要功能。通过部署在透明工厂内的诸多传感器可以实时采集数据，监控生产设备运行状况，监测材料消耗水平，及时捕捉生产动态，建立精细化、柔性化的生产运营体系。

例如，安装在生产线上定量分装系统中的传感器可以采集工件的重量、数量信息；安装在物料分拣系统中的传感器可以根据材质的不同，从各种物料中分拣出金属材料；安装在化工生产中反应釜内的温度监控系统可检测物料或液体的温度；安装在工厂车间内的湿度检测系统可以对车间的湿度进行监控。利用这些传感器采集的信息，可提高产品制造精度，确保产品质量稳定，降低产品成本和资源消耗，优化生产流程。

传感器原理及应用

任务思维导图

本任务思维导图如图 1-0-2 所示。

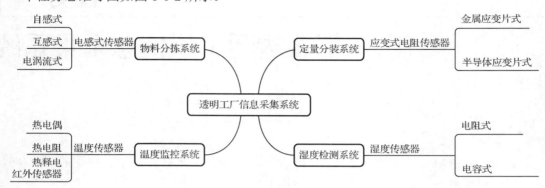

图 1-0-2　透明工厂信息采集系统思维导图

环节二　信息收集

活动一　装调透明工厂定量分装系统

　　自动化生产线的诞生，使得制造企业的产量翻倍，人工成本降低，有效地解决了机械化作业的品质问题。在食品、五金、化妆品、药品等产品生产中，通常采用漏斗秤、包装秤、平台秤、皮带秤等测定和控制物料重量，用以定量分装产品。定量分装系统如图 1-1-1 所示。

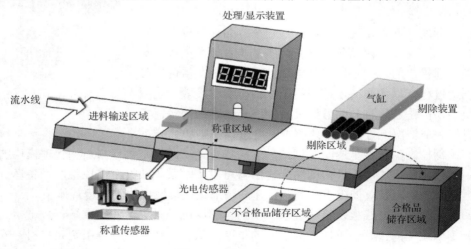

图 1-1-1　定量分装系统

　　为保证在称重过程中，秤台上只有一件产品，需要根据被测产品的间距和所要求光源的速度来决定传送带移动速度。当被测产品从进料输送区域进入称重区域时，被测产品挡住射向光电传感器的光线，系统根据光电传感器能否接收到光信号判断被测产品是否进入或离开称重区域。当产品进入秤台后,称重传感器在重力的作用下发生形变,促使其电阻值发生变化,相关信号被送至处理/显示装置进行放大处理和显示。处理/显示装置将产品重量与预先设定的重量范围进行比较。如果产品重量超出预先设定的重量范围,处理/显示装置将输出一个剔除指令给剔除区域的剔除装置,启动气缸,将不合格的产品从剔除区域移出,送入不合格品储存区域;反之,则判定当前被测产品是合格产品,将其送入合格品储存区域。

称重传感器是影响定量分装系统测量精度的关键部件。称重传感器安装在定量分装系统的底部,通常选用应变式电阻传感器。应变式电阻传感器如图1-1-2所示,图中的悬臂梁为弹性敏感元件,贴在悬臂梁上的应变片是转换元件。

图1-1-2 应变式电阻传感器

一、认知传感器

1. 传感器的定义及作用

(1) 传感器的定义

传感器是一种能把特定被测量的信息按一定规律转换成某种可用信号并输出的器件或装置,可以满足信息的传输、处理、记录、显示和控制等要求。应当指出的是,这里所谓的"可用信号"一般为电信号,如电压、电流、电阻、电容、电荷等。例如,电冰箱、微波炉、空调机中有温度传感器,电视机中有红外传感器,录像机、摄像机中有光电传感器,液化气灶中有气敏传感器,汽车中有速度传感器、压力传感器、湿度传感器、流量传感器、氧气传感器等。这些传感器的共同特点是利用各种物理、化学、生物效应实现对被测量的测量。由此可见,在传感器中包含两个必不可少的概念:一是被测量,二是与被测量有确定函数关系的电信号。例如,传声器(话筒)就是一种传感器,它能感受声音的强弱并将其转换成相应的电信号;电感式位移传感器能感受位移量的变化,并把它转换成相应的电信号。

随着信息科学与微电子技术,特别是微型计算机与通信技术的迅猛发展,近年来传感器走上了与微处理器、微型计算机相结合的发展道路,传感器的概念得到了进一步扩充。例如,智能传感器就是一种与微处理器、微型计算机相结合的传感器,具有信息检测和信息处理等多种功能。可以预见,当人类跨入光子时代,光信息成为更便于高效处理与传输的可用信号时,传感器的概念将随之发展,并成为能把外界信息或能量转换成光信号或光能量的元器件。

目前,传感器已经与测量科学、现代电子技术、微电子技术、生物技术、材料科学、化学科学、光电技术、精密机械技术、微细加工技术、信息处理技术及计算机技术相互交叉渗透而成了一门高度综合的知识密集型学科。

国家标准《传感器通用术语》(GB/T 7665—2005)中对传感器做出如下定义:"能感受被测量并按照一定的规律转换成可用输出信号的器件或装置,通常由敏感元件和转换元件组成。

其中，敏感元件是指传感器中能直接感受或响应被测量的部分；转换元件是指传感器中将敏感元件感受或响应的被测量转换成适于传输或测量的电信号的部分。"由于电信号是易于传输、检测和处理的物理量，所以过去也常把将非电量转换成电量的器件或装置称为传感器。由上述内容可以看出，传感器的定义中包含以下信息。

① 传感器是由敏感元件和转换元件构成的一种检测装置，能感受被测量的信息。
② 传感器能按一定规律将被测量转换成电信号输出，以满足信息的传输、处理、存储、显示、记录和控制等要求。
③ 传感器的输出与输入之间存在确定的关系。

对传感器的要求如下：第一，精度高；第二，信号（或能量）无失真转换；第三，反映被测量的原始特征。

（2）传感器的作用

人的行动受大脑支配，而大脑通过听觉、视觉、嗅觉、味觉、触觉等感官刺激来感知和接收外界信号，并控制人的肢体完成一系列动作。在自动控制系统中，若将计算机看作人的大脑，那么传感器就相当于人的感官，感受外部信息，将其转换为电信号；通信系统相当于人的神经，传递信息给计算机，计算机如同人的大脑，发出指令控制执行机构完成规定动作。自动控制系统如图 1-1-3 所示。

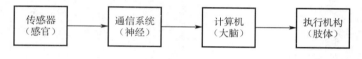

图 1-1-3　自动控制系统

在工业自动化控制系统及信息检测技术中，传感器是实现现代化测量和自动控制的主要部件，它对自动控制系统的性能起着重要作用。

传感器已广泛应用于各个领域，如工业、农业、国防、科学研究、航天技术、军事工程、机器人技术、资源探测、海洋开发、环境检测、安全保卫、医学诊断、家用电器等。传感器的发展对于其他学科的发展有重大影响，传感器的应用程度代表着一个国家科学技术的进步程度。

2. 传感器的组成

传感器一般是利用物理、化学和生物等学科的某些效应或机理，按照一定的工艺和结构生产出来的。不同传感器的组成细节有较大差异，但是，总体来说，传感器的作用是把被测的非电量转换成电量输出，传感器的功能是"一感二传"，即感受被测信息，并按照一定的规律转换成可用输出信号传送出去。传感器通常由敏感元件、转换元件两部分组成，如图 1-1-4 所示。传感器的核心部件是敏感元件，它用来感知外界信息。

图 1-1-4　传感器的组成框图

并不是所有传感器都必须包括敏感元件和转换元件,如果敏感元件输出的是电量信号,如压电晶体、热电偶、热敏电阻、光电器件,那么它兼具转换元件的作用,即能直接将非电量信号转换成电量信号。

通过转换元件输出的电量信号不一定能直接使用,有时还需要利用测量电路对其进行放大或者转换,使之满足传输、处理、记录、显示和控制等要求。测量电路应视转换元件的类型而定,常用的测量电路有放大电路、桥式电路、振荡器、阻抗变换器等。

3. 传感器的分类

由于传感器应用领域广泛且品种、规格繁多,因此传感器的分类相当复杂。目前常用的传感器分类方法见表 1-1-1。

表 1-1-1 常用的传感器分类方法

分类方法	类 型		说 明
根据构成基本效应分类	物理型、化学型、生物型		以转换中的物理、化学效应等命名
根据工作原理分类	应变式、电容式、电感式、压电式、热电式、光电式等		以转换元件对信号的转换作用原理命名
根据被测量分类	位移、压力、温度、速度、气体、液位等		以被测量名称命名
根据能量关系分类	能量转换型	压电式、热电式(热电偶)、电磁式等	传感器输出直接由被测量的能量转换得到
	能量控制型	电阻式、电容式、电感式等	传感器中的能量由外部电源供给,被测量仅对传感器中的能量起控制或调节作用
根据输出信号分类	模拟信号		传感器的输出为模拟量
	数字信号		传感器的输出为数字量

4. 传感器的特性

传感器的基本特性通常分为静态特性和动态特性。

(1) 静态特性

传感器的静态特性是指被测量不随时间变化或变化缓慢的情况下,传感器的输出量与输入量之间所具有的关系。静态特性不含有时间变量,输入量和输出量都与时间无关,所以,传感器的静态特性可以通过将输入量作为横坐标、将与其对应的输出量作为纵坐标而画出的特性曲线来描述。表征传感器静态特性的主要参数有线性度、灵敏度、分辨力、精确度和迟滞等。

① 线性度。

线性度是传感器的输入量与输出量之间呈线性关系的程度。理想情况下,传感器的静态特性曲线是一条直线。但实际上,传感器在加工、装配、调试等过程中,不可避免地要受到结构、材料、电子元器件、加工设备、装配手段、操作人员技术水平等诸多因素的影响,所以通常情况下,传感器的输出不可能完全反映被测量的变化,总会存在一定的误差,因此,它的实际特性曲线不是一条直线。为了读数方便和便于分析、处理测量结果,常用一条拟合直线(也称理论直线)近似地代表实际特性曲线,该直线与实际特性曲线之间的最大偏差称为传感器的非线性误差，即线性度，如图 1-1-5 所示。

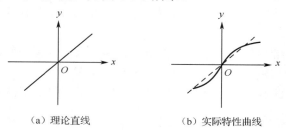

（a）理论直线　　　　（b）实际特性曲线

图 1-1-5　线性度

② 灵敏度。

灵敏度如图 1-1-6 所示。灵敏度是指传感器在稳态下输出变化值与输入变化值之比，用 S 来表示。

$$S = \frac{\Delta y}{\Delta x}$$

式中，Δx 是稳态下传感器的输入变化量；Δy 是稳态下传感器的输出变化量。

通常情况下，传感器的灵敏度越高，在输入信号相同时，输出信号就会越大，这对信号处理、读取、控制等都会带来很多益处。但必须指出，灵敏度提高，测量范围会变小，信号稳定性会变差，抗干扰性能将下降。因此，灵敏度要根据实际需要来确定，力求做到科学合理。

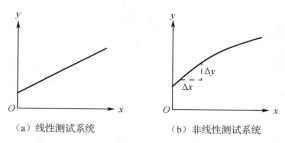

（a）线性测试系统　　　　（b）非线性测试系统

图 1-1-6　灵敏度

③ 分辨力。

分辨力是指传感器能够检测出的被测量的最小变化量。当被测量的变化量小于传感器分辨力时，传感器对输入量的变化将无任何反应。

对数字仪表而言，如果没有其他说明，可以认为该表的最后一位所表示的数值就是它的分辨力。一般而言，分辨力小于仪表的最大绝对误差，以最小量程的单位值表示。

④ 迟滞。

迟滞是指传感器正向特性与反向特性不一致的程度。这种现象是由敏感元件材料的物理性质造成的，如弹性元件的滞后，铁磁体、铁电体在外加磁场、电场中也有这种现象。

迟滞一般用满量程输出的百分数表示。从特性曲线上看，正向特性曲线与反向特性曲线不重合。

⑤ 精确度。

精确度也称精度，它是线性度、不重复性及迟滞三项指标的综合，反映了系统误差和随机误差。

⑥ 测量范围。

传感器的测量范围指的是在相同的工作条件下,传感器能够测量的被测量的数值范围,通常以上限值和下限值来表示。

(2) 动态特性

传感器的动态特性是指在测量中被测量随时间变化的情况下,传感器输出量与输入量之间变化的关系特性。一个动态特性好的传感器,其输出量随时间变化的曲线与输入量随时间变化的曲线相近,即输出和输入具有相同类型的时间函数。输出信号一般来说不会与输入信号具有完全相同的时间函数,这种输出与输入间的差异就是所谓的动态误差,它反映了传感器的动态特性。表征传感器动态特性的主要参数有响应速度、频率响应等。

① 响应速度。

响应速度是反映传感器动态特性的一项重要参数,是传感器在阶跃信号作用下的输出特性。它主要包括上升时间、峰值时间及响应时间等,它反映了传感器的稳定输出信号(在规定误差范围内)随输入信号变化的快慢。

② 频率响应。

频率响应是指传感器的输出特性曲线与输入信号的频率之间的关系,包括幅频特性和相频特性。在实际应用中,应根据输入信号的频率范围来选择传感器。

5. 传感器选用原则

传感器的型号、种类繁多,即便是测量同一个对象,也涉及很多不同的传感器。如何根据具体的测量目的、测量对象及测量环境合理选用传感器,是设计自动控制系统、自动监测系统时首要考虑的问题。传感器一旦确定,与之配套的测量方法和测试系统及设备也就可以确定,测量的成败在很大程度上取决于传感器的选用是否合理。

选择传感器要做到有的放矢、物尽其用,达到实用、经济、安全、方便的效果。为此,必须对测量目的、测量对象、使用条件等诸多方面有较为全面的了解。

(1) 依据测量对象和使用条件确定传感器的类型

要了解测量目的、被测量的特点,如被测量的状态、性质、测量范围、幅值与频带、精度要求等;还要了解传感器使用条件,如现场的温度、湿度、电磁干扰、辐射、噪声、振动、冲击、尘污、光照、气压等,以及使用者的承受能力、配套设施、技术水平等基础条件。

(2) 确定线性范围和量程

传感器线性范围是输出与输入成正比的范围,线性范围与量程和灵敏度密切相关,线性范围越宽,其量程就越大,在此范围内的灵敏度就能保持定值,规定的测量精度就能得到保证。在使用过程中,应尽可能使传感器处于最佳工作范围(一般为满量程的 2/3 以上)。

(3) 权衡灵敏度和精度

通常在线性范围内,希望传感器的灵敏度越高越好,因为灵敏度高,意味着被测量微小的变化对应着较大的输出,这有利于后续电路的信号处理。但是,灵敏度越高,则越容易混入噪声,因此要统筹考虑。

6. 传感器的应用

传感器在工业自动化、能源、交通、家用电器、农业、国防、军工等领域有着广泛的应用。

（1）传感器与机器人相结合

机器人通过安装在其内部和外部的传感器，能够准确感知自身状态和周边环境状态，自动完成相应的动作。机器人能替代人类完成危险、繁重、复杂的工作，服务人类生活，扩大人的活动及能力范围。

机器人的应用非常广泛，可按其应用领域进行分类，如图 1-1-7 所示。

  （a）工业机器人   （b）运动机器人   （c）服务机器人   （d）医疗机器人

图 1-1-7 各类机器人

（2）传感器在汽车电控系统中的应用

传感器作为汽车电控系统的关键部件，直接影响汽车技术性能的发挥。目前，普通汽车上一般装有 10～20 只传感器，高级豪华轿车则更多，这些传感器主要分布在发动机控制系统、底盘控制系统和车身控制系统中。

发动机控制用的传感器有许多种，其中包括温度传感器、压力传感器、转速和角度传感器、流量传感器、位置传感器、气体浓度传感器、爆震传感器等。底盘控制用的传感器是指分布在变速器控制系统、悬架控制系统、动力转向系统、防抱制动系统中的传感器。车身传感器的主要目的是提高汽车安全性、可靠性、舒适性等，主要有应用于自动空调系统中的温度传感器、风量传感器、日照传感器等，安全气囊系统中的加速度传感器，亮度自控系统中的光传感器，死角报警系统中的超声波传感器和图像传感器等。汽车中使用的部分传感器如图 1-1-8 所示。

（3）传感器在机械加工中的应用

机械加工中用得最多的是数控机床，如图 1-1-9 所示。数控机床中的位移检测传感器用于检测位移，其中包括直线光栅、脉冲编码器及旋转变压器等；位置传感器分为接近式传感器与接触式传感器；速度传感器用于检测直线速度和角速度，常见的有脉冲编码器及测速发电机等；压力传感器用于对工件夹紧力、车刀切削力的变化进行检测；在数控机床上一些易受温度影响的部位和需要过热保护的部位安装温度传感器，进行温度补偿和过热保护；在需要对刀具磨损进行监控的地方安装传感器，监控刀具磨损情况，以便及时调整或更换刀具。

（4）传感器在电力行业的应用

随着经济的高速发展，用电需求急剧增加，对电力行业提出了更高的要求，其中包括供电可靠性、供电质量等。传感器可以监测电气设备的运行状态，从而保护电力系统的安全。其中，变电站的智能巡检机器人就是传感器的典型应用，如图 1-1-10 所示。智能巡检机器人的功能主要包括路径规划、故障检测、定位导航、远程控制等，机器人通过红外测温实时分析各设备的温度分布情况，并对过热的地方进行拍照，同时采集设备发出的故障声音，然后根据预设的条件进行故障分析和定位。智能巡检机器人的应用较好地解决了人工巡检中存在的安全问题和效率问题,而且具有人工巡检无可比拟的优势。智能巡检机器人可以在短时间内完成大范围、多参数、高可靠的巡检任务,大幅提高了变电站智能化运营水平,节省了大量劳动力。

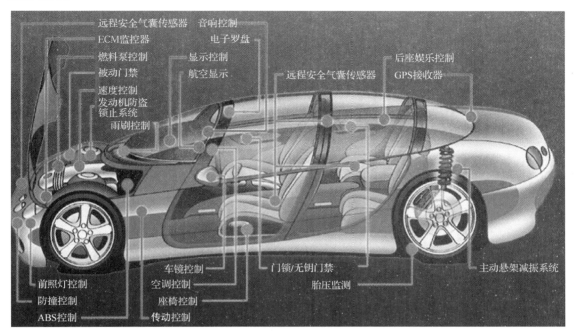

图 1-1-8 汽车中使用的部分传感器

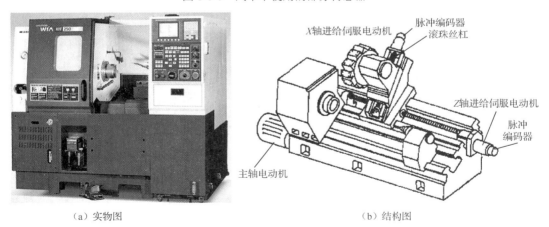

(a)实物图　　　　　　　　　　　(b)结构图

图 1-1-9 数控机床

（5）传感器在农业领域的应用

在农作物生长过程中,可以利用各种传感器收集信息。传感器的使用有助于减少劳动力,提高工作效率,实现科学化种田。

例如,通过传感器测量土壤的成分,以确定土壤应施肥的种类和数量;在农作物的生长过程中,利用传感器来监测农作物的成熟程度,以便适时采摘和收获;利用气敏传感器进行植物生长的人工环境监控，以促进光合作用；在蔬菜种植环境的监测中，利用传感器进行灭鼠、灭虫等；还可以利用传感器自动控制农田水利灌溉。塑料大棚如图1-1-11所示，棚中多处使用了传感器。

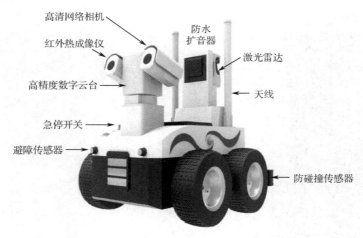

图1-1-10　智能巡检机器人

图1-1-11　塑料大棚

（6）传感器在家用电器中的应用

家用电器与传感器的完美结合，促进了智能家居的迅速发展，从空调、冰箱中使用的温度传感器，抽油烟机常用的气敏传感器，到洗衣机中的液位、转速传感器，门禁使用的指纹识别传感器，热水器内的流量传感器，传感器可谓无处不在，对提高人们的生活水平起到了很重要的作用。随着物联网的兴起，智能家居逐渐走入了人们的生活。智能家居是指以智能家居系统为平台，以家居电器及家电设备为主要控制对象，利用网络通信技术、安全防范技术、自动控制技术、综合布线技术、音视频技术等，将与家居生活有关的设施设备有机地结合在一起，通过网络化智能控制和管理，满足人们的个性化需求，使人们的生活变得舒适、安全、便利和环保。智能家居系统如图1-1-12所示。

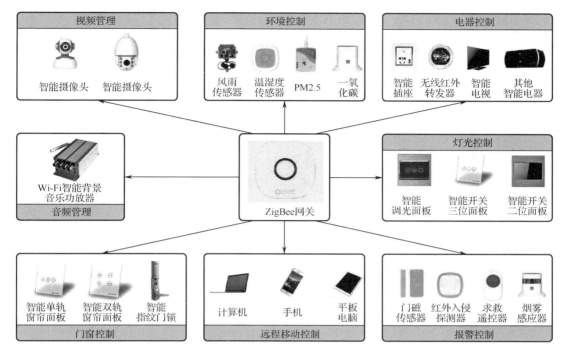

图 1-1-12　智能家居系统

7. 传感器发展趋势

随着科学技术迅猛发展，工艺过程自动化程度越来越高，对测控系统的精度提出了更高的要求，在传感器的需求量日益增多的同时，对传感器性能的要求也越来越高。随着计算机辅助设计（CAD）技术、微机电系统（MEMS）技术、光纤技术、信息理论及数据分析算法不断迈上新的台阶，未来传感器将朝着集成化、微型化、多功能化、数字化、智能化、系统化和网络化方向发展，要求传感器更加快捷、实用与稳定。

（1）新材料的开发与应用

传感器是利用材料的固有特性或开发的二次功能特性，经过精细加工而制成的。传感器的制造材料和制造工艺是提升传感器性能和质量的关键。半导体材料在敏感技术中占有较大的优势，半导体传感器不仅灵敏度高、响应速度快、体积小、重量轻，而且便于实现集成化，在今后的一个时期仍会占据主导地位。

由一定化学成分组成，经过成形及烧结的陶瓷材料的最大特点是耐热性好，在敏感技术的发展中具有很大的潜力。此外，无机材料、合成材料、智能材料等的使用都可进一步提高传感器的产品质量，降低生产成本。

（2）新制造技术的应用

将半导体精密细微的加工技术应用在传感器的制造中可极大地提高传感器的性能，并为传感器的集成化、微型化提供技术基础。借助半导体的蒸镀技术、扩散技术、光刻技术、静电封接技术、全固态封接技术，也可取得类似的效果。

纳米技术的发展可为传感器提供优良的敏感材料，提高传感器的制造水平，拓宽传感器的应用领域。

（3）新型传感器的开发

随着人们对自然认识的深化，未来会不断发现一些新的物理效应、化学效应和生物效应。利用这些新的效应可开发出相应的新型传感器，从而为提高传感器的性能、拓展传感器的应用范围提供新的动力。

（4）传感器的集成化和微型化

利用集成技术，将敏感元件、测量电路、放大电路、补偿电路、运算电路等多个功能模块集成到同一芯片上，从而使传感器具有体积小、重量轻、生产自动化程度高、制造成本低、稳定性和可靠性强、电路设计简单、安装调试时间短等优点。

将计算机辅助设计技术、集成电路技术和微机电系统技术应用于传感器，将推动传感器朝微型化方向发展，实现微电子与微机械的结合。

（5）传感器的智能化

传感器的智能化是指传感器和微处理器相结合，使传感器具有信息处理、逻辑判断、自我诊断的功能。

（6）仿生学的应用

仿生学的发展也促进了传感器的发展，出现了无触点皮肤敏感系统，以及具有压力敏感传导功能的橡胶触觉传感器。

在各种新兴科学技术快速发展的今天，传感器作为人们快速获取、分析和利用有效信息的基础，得到了社会各界的普遍关注。今后，随着 CAD 技术、MEMS 技术、信息理论及数据分析算法的发展，传感器必将得到进一步发展。

 想一想

什么是传感器？它由哪几个部分组成？各有什么功能？

二、认知应变式电阻传感器

物料重量信息是由安装在定量分装系统中的应变式电阻传感器采集的。应变式电阻传感器是一种以电阻应变片为转换元件的电阻式传感器，它能将机械构件上的应变（变形）转换为电阻值的变化，进而通过测量电路，将这种变化转换成电压或电流信号输出。常用的应变式电阻传感器有应变式测力传感器、应变式压力传感器、应变式扭矩传感器、应变式位移传感器、应变式加速度传感器和测温应变计等。应变式电阻传感器的优点是结构简单，成本低廉，能在恶劣条件下工作，精度高，测量范围广，寿命长，频响特性好，易于实现小型化、整体化和品种多样化；其缺点是对于大应变有较大的非线性，输出信号较弱，但这些缺点可采取一定的补偿措施消除，因此应变式电阻传感器可广泛应用于自动测试和控制系统中。

1. 应变式电阻传感器的工作原理

将电阻应变片粘贴到各种弹性敏感元件上就构成了应变式电阻传感器。弹性敏感元件受到所测量的力的作用而产生变形，使粘贴在它上面的电阻应变片也一同产生变形。电阻应变片变形后，将变形量转换为电阻值的变化，再经相应的测量电路把这一变化转换为电信号（电压或电流）输出，从而完成将外力变换为电信号的过程。应变式电阻传感器的组成框图如图 1-1-13 所示。

图 1-1-13 应变式电阻传感器的组成框图

(1) 弹性敏感元件

弹性敏感元件一般由优质合金钢及有色金属铝、铍青铜等加工成形,它直接感受物体重量,在应变式电阻传感器中占有非常重要的地位,其质量的优劣直接影响应变式电阻传感器的性能和测量精度。

弹性敏感元件根据所测对象不同分为力敏感元件和压力敏感元件。力敏感元件主要作为各种定量分装系统和材料试验的测力元件,或用于发动机的推动力测试、水坝坝体承载状态的监测等,如图 1-1-14 (a) 所示。压力敏感元件可以把液体或气体产生的压力转换为变形量输出。压力敏感元件主要用于测量管道内部压力,内燃机燃气的压力、压差、喷射力,发动机和导弹试验中的脉动压力,以及各种领域中的流体压力,如图 1-1-14 (b) 所示。

(a) 力敏感元件

(b) 压力敏感元件

图 1-1-14 常见的弹性敏感元件

(2) 电阻应变片

电阻应变片粘贴在弹性敏感元件上,它会随着弹性敏感元件的变形而变形,其电阻值也随之变化,各种电阻应变片如图 1-1-15 (a) 所示。

电阻应变片种类很多,按材料可分为两大类:金属应变片和半导体应变片。它们的结构分别如图 1-1-15 (b)、(c) 所示。

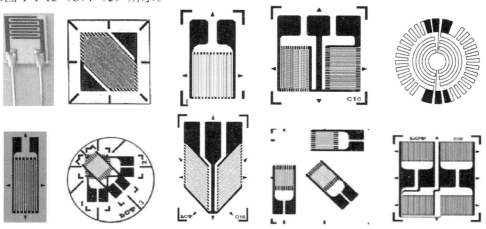

(a) 各种电阻应变片

图 1-1-15 电阻应变片的结构

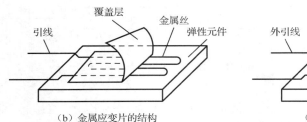

（b）金属应变片的结构　　　　　　　（c）半导体应变片的结构

图 1-1-15　电阻应变片的结构（续）

① 金属应变片。

金属应变片的工作原理基于金属应变效应。金属导体在外力的作用下发生机械变形，其电阻值随着机械变形（伸长或缩短）而发生变化，这种现象称为金属应变效应。

假设有一根长度为 l、截面积为 S、电阻率为 ρ 的金属丝，如图 1-1-16 所示。

那么，金属丝的电阻值可以表示为

$$R = \rho \frac{l}{S}$$

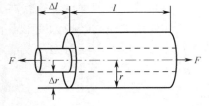

图 1-1-16　金属应变效应

式中，R 为金属丝的电阻值（Ω）；ρ 为金属丝的电阻率 [(Ω·mm^2)/m]；l 为金属丝的长度（m）；S 为金属丝的截面积（mm^2）。

当金属丝受到拉力作用时，其长度和截面积都会发生变化，金属丝将伸长 Δl，其半径相应减小 Δr，截面积减小 ΔS，这会引起电阻值发生变化。

金属应变片可分为丝式应变片、箔式应变片和薄膜应变片等。丝式应变片如图 1-1-17（a）所示。这种应变片用金属丝（康铜、镍铬合金、贵金属）做敏感栅，其中以康铜合金应用最广，它有较好的稳定性、较长的疲劳寿命及较小的电阻温度系数，是理想的丝栅制造材料。丝式应变片结构简单，价格低，强度高，但允许通过的电流较小，测量精度较低，适用于测量要求不太高的场合。

箔式应变片如图 1-1-17（b）所示，用光刻腐蚀、照相制版工艺制成厚 0.003～0.01mm 的金属箔栅。与丝式应变片相比，箔式应变片面积大，散热性好，允许通过较大的电流。由于它的厚度小，因此具有较好的可绕性，灵敏度较高。箔式应变片还可以根据需要制成任意形状，适合批量生产。

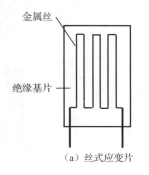　　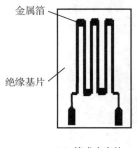

（a）丝式应变片　　　　　　　　　（b）箔式应变片

图 1-1-17　丝式应变片和箔式应变片

薄膜应变片是采用真空溅射或真空沉积的方法制成的,它将可产生形变的金属或合金直接沉积在弹性元件上,不需要使用黏合剂,因此应变片的性能更好,灵敏度高。所谓薄膜是指厚度在 0.1μm 以下的金属膜。这种应变片允许电流密度大,工作温度范围较广。

② 半导体应变片。

半导体应变片是利用半导体材料的压阻效应制成的。如果半导体材料沿某一轴向受到应力作用,半导体中的载流子迁移率便会发生变化,从而导致其电阻率发生变化。这种由外力引起半导体材料电阻率发生变化的现象称为半导体压阻效应,如图 1-1-18 所示。

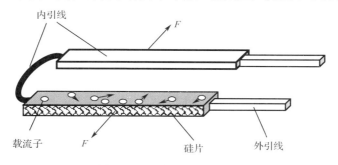

图 1-1-18　半导体压阻效应

半导体应变片最突出的优点是灵敏度高,这为它的应用提供了有利条件。另外,机械滞后小、横向效应小及体积小等特点,扩大了半导体应变片的使用范围。而它主要的缺点是温度稳定性差、灵敏度离散程度大(由于晶向、杂质等因素的影响)及在较大应力作用下非线性误差大等,给使用带来了一定的困难。

目前使用最多的是单晶硅半导体(作为敏感栅)。这种材料的灵敏系数极大,机械滞后很小,用它制成的应变片不需要放大器便可直接与记录仪连接,使测量系统得到简化。

半导体应变片主要有体型、薄膜型和扩散型三种。体型半导体应变片是将半导体材料硅或锗晶体按一定方向切割成片状小条,经腐蚀压焊粘贴在基片上而制成的应变片,其结构如图 1-1-19(a)所示。薄膜型半导体应变片是利用真空蒸发或沉积等镀膜技术,将半导体材料沉积在带有绝缘层的基片上而制成的应变片,薄膜的厚度在 0.1mm 以下,其结构如图 1-1-19(b)所示。这种应变片的显著特点是灵敏度高,允许电流密度大,工作温度范围广,易实现工业化批量生产。扩散型半导体应变片是将 P 型杂质扩散到 N 型硅单晶基底上,形成一层极薄的 P 型导电层,再通过超声波和热压焊法接上引线而制成的应变片。图 1-1-19(c)为其结构示意图。

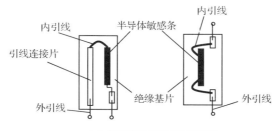

(a)体型半导体应变片的结构

图 1-1-19　半导体应变片的结构

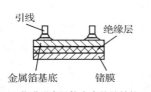
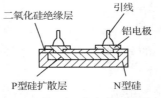

(b)薄膜型半导体应变片的结构　　(c)扩散型半导体应变片的结构

图 1-1-19　半导体应变片的结构（续）

半导体应变片最突出的特点是体积小，灵敏度高，频率响应范围很宽，输出幅度大。此外，其横向效应小，机械滞后小，不需要放大器便可直接与记录仪连接使用，测量系统相对简单。半导体应变片的灵敏度比金属应变片高 50～70 倍，其缺点是电阻值和灵敏度的温度稳定性差。

金属应变片和半导体应变片的比较见表 1-1-2。

表 1-1-2　金属应变片和半导体应变片的比较

应变片类型		金属应变片	半导体应变片
工作原理		应变效应 机械形变引起电阻值的变化	压阻效应 半导体内部载流子的迁移引起电阻率的变化
性能特点	丝式	结构简单，强度高，但允许通过的电流较小，测量精度较低，适用于测量要求不太高的场合	体积小，灵敏度高（通常比金属应变片的灵敏度高 50～70 倍），横向效应小，频率响应范围很宽，输出幅度大，受温度影响大
	箔式	面积大，易散热，允许通过较大的电流，灵敏度较高，抗疲劳性能好，寿命长，适于大批量生产，易于小型化	
使用场合		可以测力、压力、位移、加速度	适用于力矩计、半导体话筒、压力传感器

 想一想

简述应变式电阻传感器的组成及工作原理。金属应变片和半导体应变片的检测原理有什么不同？

2. 应变式电阻传感器的测量电路

电阻应变片粘贴在弹性敏感元件上，把应变信号转换成电阻后，应变量及其应变电阻变化一般都很小，既难以直接精确测量，又不便直接处理。因此，必须采用测量电路，把应变片的电阻变化转换成电压或电流的变化，一般采用电桥电路（也称桥式电路）实现这种转换。根据电源的不同，电桥电路分为直流电桥电路和交流电桥电路，如图 1-1-20 所示。

根据接入应变片的数量，电桥电路可分为只接入一个应变片的单臂桥式电路、接入两个应变片的双臂桥式电路和接入四个应变片的全桥电路，如图 1-1-21 所示。

单臂桥式电路输出信号最小，双臂桥式电路输出信号是单臂桥式电路的两倍，全桥电路输出信号是单臂桥式电路的四倍。全桥电路工作时输出的电压最大，检测的灵敏度最高。因此，为了得到较大的输出电压或电流信号，一般采用双臂桥式电路或全桥电路。

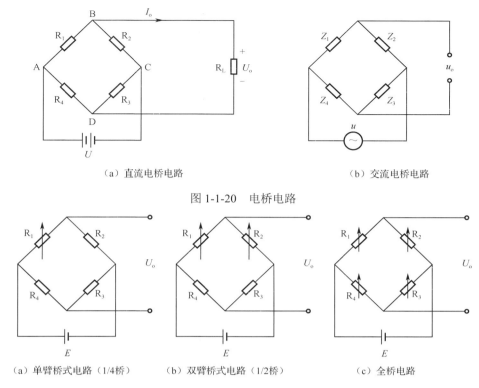

(a)直流电桥电路

(b)交流电桥电路

图 1-1-20　电桥电路

(a)单臂桥式电路（1/4桥）　　(b)双臂桥式电路（1/2桥）　　(c)全桥电路

图 1-1-21　电桥电路按接入应变片的数量分类

如果有更高的要求，还可以使用接入 8 个甚至更多应变片的桥式电路，如图 1-1-22 所示。

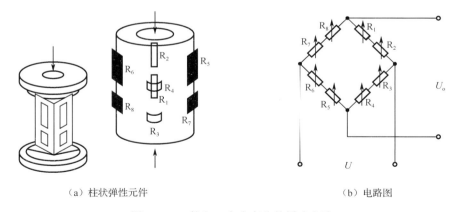

(a)柱状弹性元件

(b)电路图

图 1-1-22　接入 8 个应变片的桥式电路

在实际应用中，应变片直流电桥四臂上的电阻变化不一定完全相同，在无应力作用时，桥路可能不平衡，即有电压输出，这必然会造成测量误差。因此，通常在基本电路之上加调零电路，以减小测量误差，如图 1-1-23 所示。

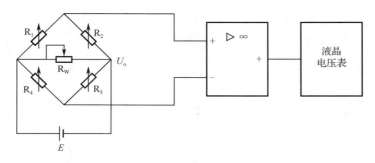

图 1-1-23 应变式电阻传感器实际应用电路

 想一想

应变式电阻传感器接入应变片的数量不同是否影响传感器的测量精度？

3. 应变式电阻传感器的应用

（1）电子衡称重系统

电子衡称重系统由载体、框架、称重传感器、接线盒、称重显示仪表、微机管理系统等部分组成，如图 1-1-24（a）所示。

通常利用电子衡称重系统对汽车进行称重，以计算出汽车上货物的重量，如图 1-1-24（b）所示。将汽车定位在电子衡上需要光电传感器、地感线圈、指示灯等。光电传感器采用对射式安装，一旦汽车驶过光电传感器，传感器将发出信号，该信号被送入计算机中，指示灯点亮，说明汽车进入电子衡，开始称重。称重完毕后，显示器显示汽车重量。对应的摄像头拍摄汽车进入电子衡的影像信息。汽车离开电子衡时，将驶过第二个光电传感器，同时被安装在地面下方的地感线圈检测，对应的摄像头拍摄汽车离开的影像信息。

称重传感器安装在电子衡的四脚上，如图 1-1-24（c）所示。当汽车行驶到载体上时，由于重力的作用，安装在框架下面的柱形弹性体被压缩，使得粘在弹性元件上的应变片 R_1 被压缩，而应变片 R_2 被拉伸，导致电阻值发生变化，使附着在弹性体上的电阻应变片电桥失去平衡，从而输出与重量信号成比例的 mV 级电信号。该信号进入称重显示仪表后，经放大、滤波和模数转换，变成数字信号。计算机对该数字信号进行处理，得出称重数据并显示在大型显示屏上。

（2）电子吊秤

电子吊秤是使被称重物处于悬吊状态，进行在线称重的计量器具。它一般由称重传感器、机械承力机构、显示仪表等组成，如图 1-1-25 所示。称重传感器一般安装在动滑轮轴的下部与吊钩之间，可以承受被测物体的全部重量。

（3）料罐称重系统

料罐称重系统是一种用于工农业（如水泥、钢铁、玻璃、煤矿、制药、饲料等行业）自动化称重配料设备的控制系统，通过配料称重，可实现进料、排料全自动控制，能提高生产效率，节省人工成本。料罐称重系统由称重模块、接线盒、称重控制仪表、显示屏、连接线缆及管件等组成。

任务一　部署透明工厂信息采集系统

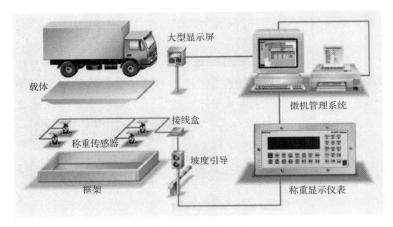

（a）电子衡称重系统的组成

（b）汽车称重

（c）称重传感器

图 1-1-24　电子衡称重系统

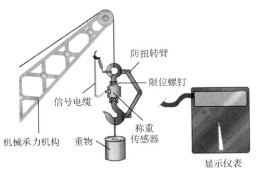

（a）电子吊秤　　　　（b）电子吊秤的组成　　　　（c）称重传感器

图 1-1-25　电子吊秤及其组成

料罐称重系统如图 1-1-26 所示。根据所测量的重量选择不同的称重模块，如图 1-1-26（a）所示。通过在料罐的支脚上安装称重模块来采集料罐的重量信号，如图 1-1-26（b）所示。图 1-1-26（c）为测试现场，图 1-1-26（d）为系统示意图。称重模块将重量信号转换为电阻值的变化之后，再通过测量电路转换为电压信号送入接线盒，接线盒将多个称重模块的数据传送到称重控制仪表中。该仪表实时显示重量，通过开关量模块如电磁阀来控制料罐的进料电机，或者将料罐的相关信息传送到 PLC 等控制设备中，再由 PLC 设备进行更为复杂的控制。

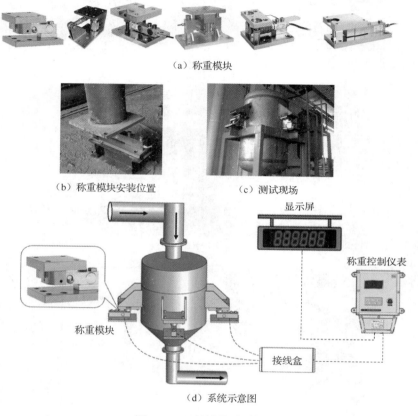

图 1-1-26 料罐称重系统

（4）投入式液位计

如图 1-1-27 所示为投入式液位计。这种液位计将半导体应变片倒置安装在不锈钢壳体内，使用时将液位计投入被测液体中。传感器的高压侧进气口（由不锈钢隔离膜片及硅油隔离）与液体相通，低压侧进气口通过一根橡胶"背压管"与大气相通，传感器的信号线、电源线也通过该"背压管"与外界的仪器接口连接。液位计算公式为

$$H = h + h_0 = h_0 + \frac{P_2 - P_1}{\rho g}$$

式中，P_2 为高压侧所受到的压力；P_1 为低压侧的大气压；ρ 为被测液体密度；g 为当地重力加速度。这样通过测量压力 P_2，就可以得到液体深度。投入式液位计使用方便，适用于深度在几米至几十米，混有大量污物、杂质的水或其他液体的液位测量。

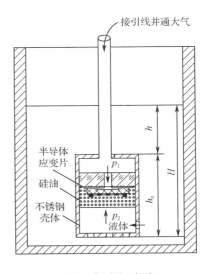

（a）实物图　　　　　　　　（b）工作原理示意图

图 1-1-27　投入式液位计

（5）压阻式加速度传感器

压阻式加速度传感器如图 1-1-28 所示。一质量块固定在硅悬臂梁的一端，作为自由端，而硅悬臂梁的另一端固定在传感器基座上，作为固定端。硅悬臂梁为敏感元件，在其根部有 4 个半导体应变片组成电桥电路。质量块和硅悬臂梁的周围充有硅油等阻尼液，用以产生必要的阻尼力。质量块的两边是限位块，它们的作用是使传感器在过载时不受损坏。

当被测物做加速运动时，与其连接的传感器基座也运动，基座又通过硅悬臂梁将此运动传递给质量块，使质量块也以相同的加速度运动，质量块产生的惯性力使硅悬臂梁产生形变，导致硅悬臂梁上的 4 个应变片电阻值发出变化，由它们组成的电桥电路不再平衡，输出与加速度成正比的电压信号。

压阻式加速度传感器大多用于机器设备的振动测量，但不适合频率较高的振动和冲击场合，一般适用频率为 10～60Hz。

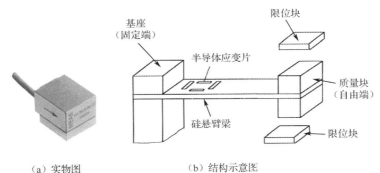

（a）实物图　　　　　　　　（b）结构示意图

图 1-1-28　压阻式加速度传感器

三、装调定量分装系统

定量分装是工厂中最常用的一种分装模式，即将一定重量的物体进行打包分装。定量分装多用于液体、膏体、颗粒状物体，为方便观测，本活动采用的是块状物料。

定量分装系统的构成如图 1-1-29 所示。物料通过输送带传输，经过安装在输送带两边的光源和光电传感器时，物料挡住光源，使得对面的光电传感器不能收到光源发出的光信号，光电传感器将这一变化送至控制器，控制器发出输送带停止运行指令。输送带停止运行后，分选推送器 1 将物料推送至称重台，称重台称取物料重量。若物料没有达到设定的重量，则输送带继续传送物料，称重台继续称重，直到称重台上的物料达到设定的重量时，安装在称重台旁边的分选推送器 2 将称重台上的所有物料推送到物料箱，完成一次分装过程。

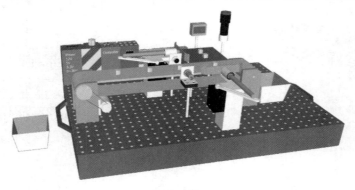

（a）鸟瞰图

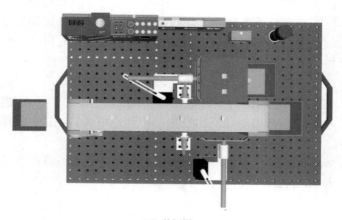

（b）俯视图

图 1-1-29 定量分装系统的构成

1. 系统工作原理

该系统主要由称重台、应变式电阻传感器、HX711 芯片、控制器、液晶显示模块及声光报警器等组成。HX711 芯片是一款专为高精度电子秤而设计的 24 位模数转换器芯片，如图 1-1-30 所示。称重台电路如图 1-1-31 所示。由悬臂梁和贴在悬臂梁上的四个应变式电阻传感器检测称重台上被测物料的重量，桥式电路将电阻变化信号转换为电压信号送到 HX711 芯片的 A 通道。由于桥式电路输出的信号较小，所以利用可编程增益放大器将模拟电压信号放大，再经过 24 位模数转换器，将模拟信号转换为数字信号，通过数字接口电路输出。输出的信号被送至 MCU，由 MCU 进行信号处理、重量显示和控制声光报警器报警。

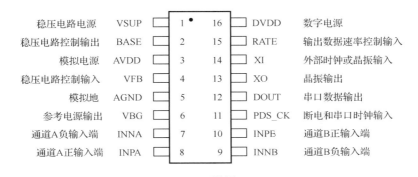

(a) 引脚图

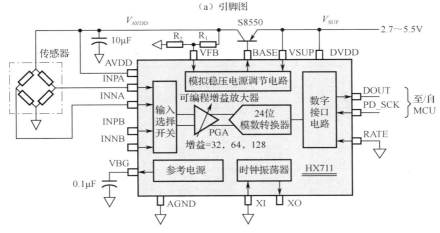

(b) 内部方框图

图 1-1-30　HX711 芯片

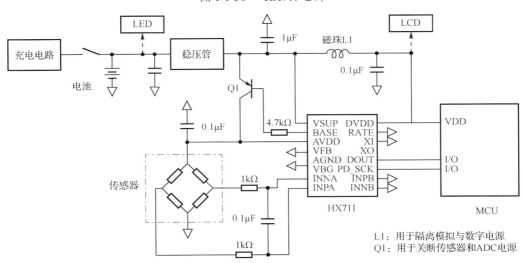

L1：用于隔离模拟与数字电源
Q1：用于关断传感器和ADC电源

图 1-1-31　称重台电路

2. 装调过程

（1）检测元器件

定量分装系统元器件清单见表 1-1-3。准备好所有元器件后，检测元器件性能是否正常。

表 1-1-3 元器件清单

序号	名称	型号/规格	数量
1	称重电路板套件	—	1
2	应变式电阻传感器（带悬臂梁）	YZC131/1kg	1
3	高精度 24 位模数转换集成电路	HX711/24bit	1
4	OLED 液晶显示模块	SSD1306/12864/0.96 英寸	1
5	声光报警器	22sm/12V	1
6	控制器	ATMEGA2560	1
7	继电器	松乐 SRD/12V	1
8	红外光电传感器	抗日光型/5V	1
9	输送带套件	GH-S-60	1
10	PWM 调速器	12V/2kHz	1
11	电机驱动模块	—	1
12	分选推送器	GH-90	2
13	电源	12V/5V/30W	1
14	物料箱	—	2
15	物料块	5g	10
16	称重台套件	—	1
17	称重台底座	—	1
18	万用表	—	1
19	示波器	—	1
20	导线	—	若干

① 检测称重台套件中的电阻和电容元件。
② 测量应变式电阻传感器的阻值。
应变式电阻传感器已经粘贴在悬臂梁上，每个传感器的阻值在 350Ω 左右，使用万用表欧姆挡测量桥式电路两对引线之间的阻值。
③ 使用万用表欧姆挡检测继电器通断情况。
（2）装调系统
系统内的模块外形图如图 1-1-32 所示。

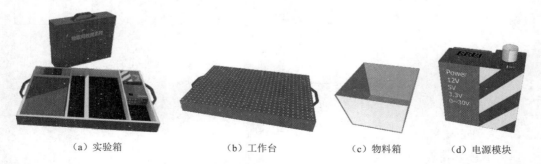

（a）实验箱　　　　（b）工作台　　　　（c）物料箱　　　　（d）电源模块

图 1-1-32　系统内的模块外形图

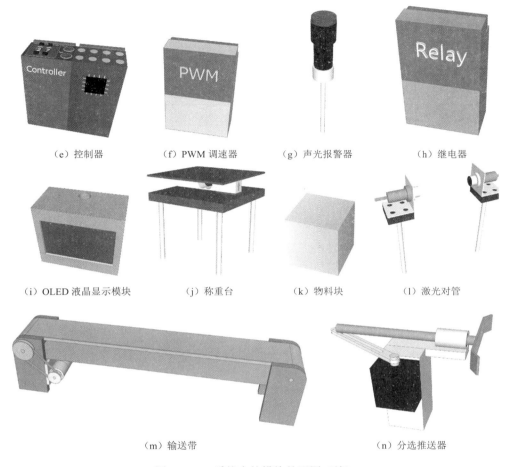

(e)控制器　　　(f) PWM 调速器　　　(g)声光报警器　　　(h)继电器

(i) OLED 液晶显示模块　　(j)称重台　　(k)物料块　　(l)激光对管

(m)输送带　　　　　　　　　　　(n)分选推送器

图 1-1-32　系统内的模块外形图（续）

① 装配称重电路板。

步骤一：将称重电路板套件按照装配图进行焊接、装配。

步骤二：将称重电路板与控制器和声光报警器连接起来。

② 搭建系统。

步骤一：应变式电阻传感器共有 4 根引线，红色为电源正极，黑色为电源负极，绿色为输出端正极，白色为输出端负极，将应变式电阻传感器安装到称重台底座上，连接电源和称重电路板。

步骤二：搭建由 PWM 调速器、电机驱动模块、直流减速电机、同步带轮、输送带、输送带支架构成的输送带系统。

步骤三：安装分选推送器和红外光电传感器。

步骤四：连接应变式电阻传感器、分选推送器和电机驱动模块。

③ 调试系统。

步骤一：将项目拨码开关设置为 1，活动拨码开关设置为 1，并完成其他必要设置。

步骤二：调整红外光电传感器与分选推送器的距离，以及输送带的传输方向和速度。

步骤三：调零。在测量物料重量之前需要先进行调零，接入 5V 电源，调节电路板上的电位器，使显示模块显示 0。

步骤四：检测重量。使用万用表测量不同物料重量所对应的应变式电阻传感器电压，将测量值填入表 1-1-4 中。

表 1-1-4　定量分装系统测量数据表

序　号	物料重量（g）	电压（mV）	显示模块显示内容

④ 注意事项。
（a）不要按压传感器白色覆胶部分，以免损坏传感器。
（b）安装应变式电阻传感器时，注意引线颜色。
（c）不要用手按压称重台，以免因加在称重台上的力过大而损坏传感器。

想一想

① 应变片为何贴在悬臂梁孔的上方？
② 实现定量分装系统调零的是什么元件？简述定量分装系统显示模块无法显示的原因，并提出检修方案。

活动总结

本活动以装调定量分装系统为目标，对定量分装系统的作用、组成、结构，以及系统中称重传感器的安装方法和基于应变式电阻传感器的称重与分装过程进行了介绍。

本活动对应变式电阻传感器的组成、结构、工作原理、测量电路及应用进行了详细介绍。电阻应变片分为金属应变片和半导体应变片。金属导体在外力作用下发生机械变形，电阻值随着机械变形（伸长或缩短）而发生变化，这种现象称为金属应变效应，而由外力引起半导体材料电阻率发生变化的现象称为半导体压阻效应。由于应变片应变量及其应变电阻变化很小，既难以直接精确测量，又不便直接处理，因此，必须采用测量电路把应变片的电阻变化转换成电压或电流的变化。

本活动采用模块搭接的方式模拟工厂内的定量分装系统，涉及称重传感器的工作原理及系统装调过程等内容。

活动测试

一、填空题

1. 传感器是一种将_____信号转换为_____信号的装置，一般由_____和_____组成。

2. 在传感器中，_____感受被测量，并输出与被测量成_____关系的_____元件称为敏感元件。

3. 在人与机器的机能对应关系中，感官对应机器的_____，神经对应机器的_____，大脑对应机器的_____，肢体对应机器的_____。

4. 响应速度是反映传感器_____特性的一项重要参数。

5. 转换元件输出的电量信号不一定能满足要求，还需要经过_____进行放大或者转换，使之满足传输、处理、记录、显示和控制等要求。

6. 导体在受到外力作用变形时，其_____也将随之变化，这种现象称为应变效应。

7. 金属应变片的工作原理基于_____效应，而半导体应变片的工作原理基于_____效应。

8. 弹性元件是一种利用_____把感受到的非电量转换为电量的敏感元件。

9. 应变式电阻传感器由_____和_____组成，其中_____是核心部件。

10. 应变式电阻传感器按材料的不同，可分为_____、_____两大类。

二、选择题

1. （　　）是指传感器中能直接感受被测量的部分。
    a. 传感元件　　　　b. 敏感元件　　　　c. 测量电路

2. 由于传感器的输出信号一般都很微弱，需要将其放大和转换为容易传输、处理、记录和显示的形式，这部分为（　　）。
    a. 传感元件　　　　b. 敏感元件　　　　c. 测量电路

3. 传感器主要完成两方面的功能：检测和（　　）。
    a. 测量　　　　b. 感知　　　　c. 信号调节　　　　d. 转换

4. 传感技术的研究内容主要包括（　　）。
    a. 信息获取与转换　　　　　　　b. 信息处理与传输

5. 将已感受到的被测非电量参数转换为电量参数的元件称为（　　）。
    a. 敏感元件　　　　　　　　b. 转换元件

6. 属于动态特性指标的是（　　）。
    a. 迟滞　　　　b. 响应速度　　　　c. 线性度

7. 将被测试件的变形转换成（　　）变换量的（　　）元件，称为电阻应变片。
    a. 电阻　　　　b. 力　　　　c. 位移
    d. 敏感　　　　e. 转换

8. 将应变片贴在（　　）上，就可以分别制作成力、位移、加速度等传感器。
    a. 绝缘体　　　　b. 导体　　　　c. 弹性元件

9. 金属应变片的应变效应是基于（　　）的变化而产生的。
    a. 几何形状　　　　b. 材料的电阻率

10. 半导体应变片的应变效应是基于（　　）的变化而产生的。
    a. 几何形状　　　　b. 材料的电阻率

活动二　装调透明工厂物料分拣系统

在物料分拣系统中，需要对生产线上传送的物料进行分拣操作，其中操作量最大的是从物料中分拣出金属和非金属，物料分拣系统如图 1-2-1 所示。

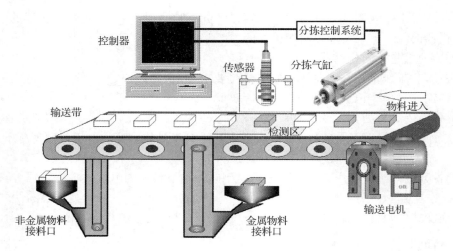

图 1-2-1　物料分拣系统

被测物料通过输送带进入检测区后,将处于传感器线圈所产生的磁场中。若被测物料为金属材质,传感器将发出使输送带停止移动的信号,这是因为被测金属受到传感器线圈的磁场作用,在金属内产生电涡流,电涡流又产生一个与传感器线圈磁场方向相反的新磁场,抵消部分原有磁场,导致传感器线圈的电感量发生变化。变化的电感量信号被送至控制器,控制器对信号进行放大处理,控制输送带停止移动,并启动气缸将金属物料从检测区推出,送入金属物料接料口。若被测物料是非金属材质,则输送带不会停止移动,而是直接将物料送往非金属物料接料口。

安装在检测区上方的分拣传感器是影响物料分拣系统检测精度的关键部件,一般选用电涡流传感器。电涡流传感器的结构如图 1-2-2 所示,图中的金属物料为敏感元件,传感器检测端内部的电涡流线圈为转换元件。

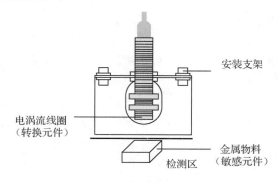

图 1-2-2　电涡流传感器的结构

 想一想

在本系统中,电涡流传感器能否对金属物料实现定位功能?

一、认知电感式传感器

1. 电感式传感器的工作原理

电感式传感器组成框图如图1-2-3所示,将电磁敏感元件(如被测金属件或衔铁)置于通有交变电流的电感线圈所产生的磁场中,改变电磁敏感元件的位移,将会引起线圈的自感系数、互感系数或磁阻发生变化,通过测量电路将这种变化转换为电压、电流或频率输出,便可测出相应的非电量参数。

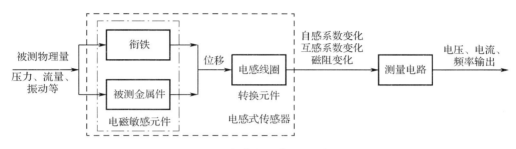

图1-2-3 电感式传感器组成框图

电感式传感器主要分为自感式、互感式和电涡流式三种,具体见表1-2-1。

表1-2-1 电感式传感器的分类

类型	自感传感器	互感传感器	电涡流传感器
敏感元件	衔铁	衔铁	被测金属件
工作机理	电磁感应 被测量引起线圈的自感系数变化	变压器原理 被测量引起线圈间的互感系数变化	电涡流效应 被测量引起线圈的磁阻变化
性能特点	灵敏度高,测量范围较小	灵敏度高,线性范围大	结构简单,体积小,灵敏度高,抗干扰能力强,可实现非接触测量
使用场合	测量位移、压力、压差、振动、应变、流量等	测量位移、压力、压差、振动、加速度、应变等	测量振动、位移、厚度、转速、表面温度等

常用的电感式传感器实物图如图1-2-4所示。

(a)线位移传感器

图1-2-4 常用的电感式传感器实物图

（b）角位移传感器

（c）液位计　　　　　　　　　　　（d）差压变送器

图 1-2-4　常用的电感式传感器实物图（续）

（1）自感传感器的工作原理

将被测的非电量信号转换为线圈自感系数变化的传感器称为自感传感器，自感传感器由铁芯、线圈和衔铁组成，其工作原理如图 1-2-5 所示。铁芯和衔铁由导磁材料（如硅钢片或坡莫合金）制成。铁芯和衔铁之间存有气隙，气隙厚度为 δ，衔铁和气隙的截面积为 S。传感器运动部分与衔铁相连，当衔铁移动时，气隙厚度 δ 或截面积 S 将会发生改变，引起磁路磁阻变化，从而导致线圈电感量发生变化，因此测出电感量变化，就能确定衔铁位移的大小和方向。

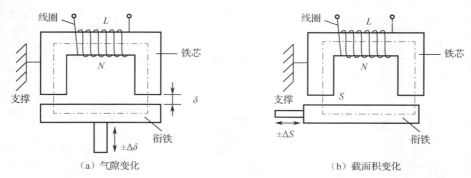

（a）气隙变化　　　　　　　　　　　（b）截面积变化

图 1-2-5　自感传感器的工作原理

一般情况下，导磁体的磁阻与气隙磁阻相比很小，可以忽略，则线圈的电感量可近似表示为

$$L = \frac{N^2 \mu_0 S}{2\delta}$$

式中，N 为线圈匝数；μ_0 为真空磁导率；S 为磁路截面积；δ 为气隙厚度。当传感器的结构和材料确定后，即 N、μ_0 一定时，L 由 δ 与 S 决定，其中任意一个参数的变化都将引起电感量的

变化,故自感传感器可分为变隙式自感传感器和变面积式自感传感器。

① 变隙式自感传感器。

保持 S 不变,而 δ 发生变化,即构成变隙式自感传感器。变隙式自感传感器的输入与输出呈非线性关系,为保证线性度,这种传感器只能用于微小位移的测量。

② 变面积式自感传感器。

保持 δ 不变,而 S 发生变化,即构成变面积式自感传感器。变面积式自感传感器的输入与输出呈线性关系,但线性区域比较小。

自感传感器结构示意图如图 1-2-6 所示。其中,螺管式也属于变面积式,仅在结构上有所不同。

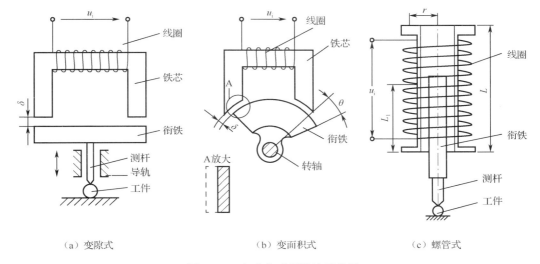

图 1-2-6　自感传感器结构示意图

由于线圈中通有交流励磁电流,衔铁始终承受电磁吸力,这将会引起振动和附加误差,而且非线性误差较大。外界的干扰、电源电压频率的变化、温度的变化也会使输出产生误差。在实际应用中,常采用两个相同的传感线圈共用一个衔铁,构成差动式自感传感器,两个线圈的电气参数和几何尺寸要求完全相同。如图 1-2-7 所示,这种差动结构不仅可以改善线性度、提高灵敏度,对温度变化、电源电压频率变化等的影响也可以进行补偿,从而减少了外界影响所造成的误差。

对于螺管式自感传感器,当衔铁在螺管的中部移动时,可以认为线圈内磁场强度是均匀的;偏离中间位置时,两线圈的电感量一个增大、一个减小,形成差动输出,总的电感变化量与衔铁插入的深度成正比。

(2) 互感传感器的工作原理

将被测非电量信号转换为初级线圈与次级线圈间互感系数变化的传感器称为互感传感器,它是根据变压器原理制成的。互感传感器有一个衔铁、一个初级线圈和两个次级线圈,当初级线圈接入激励电源后,次级线圈中就将产生感应电动势,两者间的互感系数变化,相应的感应电动势也将发生变化。由于两个次级线圈采用差动接法,所以这种传感器又称差动变压器式传感器,简称差动变压器。传感器的衔铁和待测物相连,两个次级线圈接成差动形式,利用线圈的互感作用将衔铁的位移转换成感应电动势的变化,从而得到待测位移。

按照结构不同,互感传感器可分为变隙式、变面积式和螺管式三种,如图 1-2-8 所示。

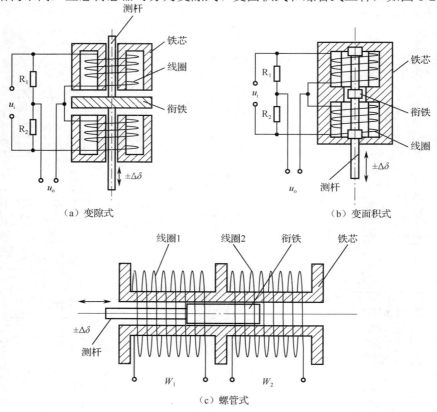

(a) 变隙式　　　　　　　　　　　　(b) 变面积式

(c) 螺管式

图 1-2-7　差动式自感传感器

变隙式互感传感器的灵敏度高,但线性度差,测量范围小,一般用于测量几微米到几百微米的位移;变面积式互感传感器线性度好,但线性区域小,灵敏度较低,不经常使用;螺管式互感传感器测量范围大,线性度好,结构简单,便于制作、集成,灵敏度较低,一般用于测量 1mm 至上百毫米的位移。

互感传感器中应用最多的是螺管式互感传感器,下面以螺管式互感传感器为例,说明互感传感器的工作原理。

螺管式互感传感器由测杆、衔铁和线圈三部分组成,如图 1-2-9 所示。传感器内有一个初级线圈 L_1 和两个次级线圈 L_{21}、L_{22}。L_1 接交流激励电压,L_{21}、L_{22} 反向串联。当 L_1 接交变电压时,由于互感作用,初级线圈中的交流电在两个次级线圈 L_{21}、L_{22} 上分别产生感应电动势 E_{21}、E_{22},又因两个次级线圈接成差动形式,故两个感应电动势反向串联;设两个次级线圈完全相同,工艺上保证传感器结构完全对称,当衔铁处于中心位置时,输出电压 u_o 为零。当衔铁向次级线圈 L_{22} 移动时,L_{22} 中穿过的磁通量增大,感应电动势 E_{22} 也增大,L_{21} 中穿过的磁通量减小,感应电动势 E_{21} 也减小;当衔铁向上移动时,L_{21} 中穿过的磁通量增大,感应电动势 E_{21} 也增大,L_{22} 中穿过的磁通量减小,感应电动势 E_{22} 也减小。由此可见,输出电压的大小和符号反映了衔铁位移的大小和方向。

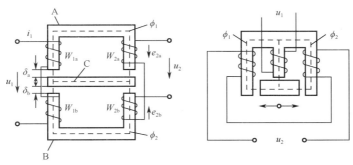

（a）变隙式

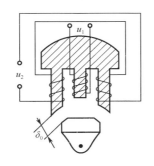
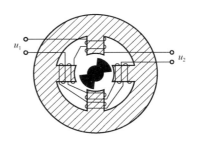

（b）变面积式

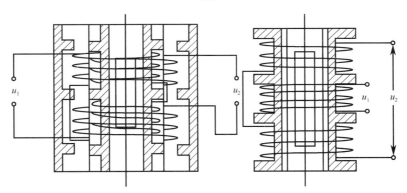

（c）螺管式

图 1-2-8　互感传感器的结构

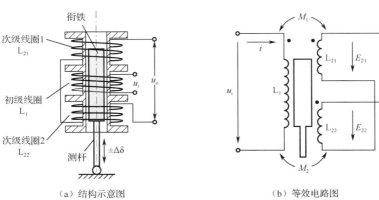

（a）结构示意图　　　　　（b）等效电路图

图 1-2-9　螺管式互感传感器的工作原理

（3）电涡流传感器的工作原理

电涡流传感器如图 1-2-10 所示。

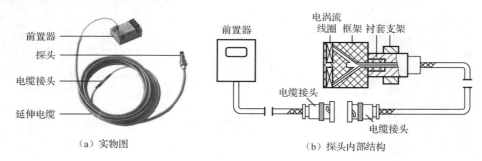

图 1-2-10　电涡流传感器

电涡流传感器是一种基于电涡流效应的传感器。将一个绕在骨架上的空心线圈与正弦交流电源接通，流过线圈的电流会在线圈周围产生交变磁场。当被测导体接近该线圈时，导体内会感应出一圈圈呈涡旋状的电流，这种电流称为电涡流，这种现象称为电涡流效应，如图 1-2-11（a）所示。其等效电路如图 1-2-11（b）所示。

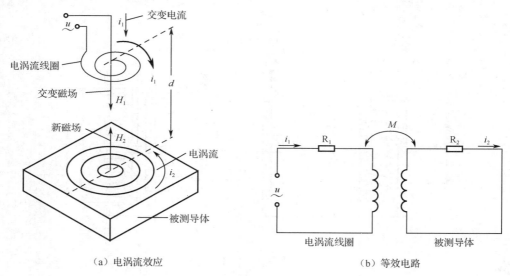

图 1-2-11　电涡流传感器的工作原理

电涡流的大小和被测导体的电阻率、磁导率、厚度，线圈与被测导体之间的距离，以及线圈励磁电流的交变频率等参数有关。如果固定其中某些参数，就可根据电涡流的大小测出另外一些参数。

电涡流传感器的最大特点是能对位移、厚度、表面温度、速度、应力、材料损伤等进行非接触式连续测量。另外，它还具有体积小、灵敏度高、频率响应范围宽等特点，特别适合测量快速位移变化，且无须在被测物体上施加外力的场合。

按照电涡流在导体内的贯穿情况，电涡流传感器可分为高频反射式和低频透射式两类，如图 1-2-12 所示，图中所有参量标注极性为某瞬间极性。高频（1MHz 以上）反射式电涡流传感器多用于测量位移，金属板表面形成的电涡流反作用于传感器线圈，线圈与金属板之间的距离越小，引起的线圈电感变化越大；两者之间的距离越大，引起的线圈电感变化越小。低频透射式电涡流传感器多用于测定材料厚度。将发射线圈 L_1 和接收线圈 L_2 分别放在被测金属板的上下两侧。低频电压 u_1 加到线圈 L_1 的两端，在线圈周围产生一交变磁场，并在被测金属板中产生电涡流 i_e，此电涡流损耗了部分能量，使贯穿 L_2 的磁力线减少，导致 L_2 上产生的电涡流减小，感应电动势 u_2 的大小与被测金属板厚度及材料性质有关，测量 u_2 的变化，便可测得被测金属板的厚度。

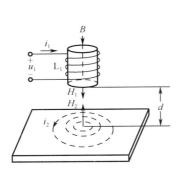
（a）高频反射式电涡流传感器

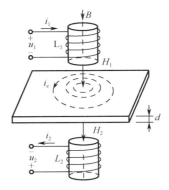
（b）低频透射式电涡流传感器

图 1-2-12　电涡流传感器的分类

想一想

简述电感式传感器的组成和应用场合，三种不同类型的电感式传感器的检测原理有什么不同？

2. 电感式传感器的测量电路

（1）自感传感器的测量电路

① 变压器电桥电路。

变压器电桥电路如图 1-2-13 所示，Z_1、Z_2 分别为两个传感器线圈的阻抗，从中心抽头引出作为输出端。若传感器衔铁处于中间位置，则两线圈的阻抗相等，$Z_1=Z_2=Z$，电桥处于平衡状态，输出电压 $u_o=0V$。当衔铁向下移动时，下线圈阻抗增大，$Z_2=Z+\Delta Z$，上线圈阻抗减小，$Z_1=Z-\Delta Z$，电桥失衡。输出电压反映了传感器线圈阻抗的变化，据此可测出衔铁位移量。

② 调频电路。

调频电路如图 1-2-14 所示，通常将传感器的电感线圈 L 和一个固定电容 C 接入振荡电路中，其振荡频率为

$$f = \frac{1}{2\pi\sqrt{LC}}$$

传感器电感量的变化将引起振荡电路频率的变化，根据上式，测量 f 便可测出电感量 L。f 和 L 的特性曲线呈严重的非线性，需要对电路做适当的线性化处理。

（2）互感传感器的测量电路

① 差动整流电路。

差动整流电路如图 1-2-15 所示。这种电路结构简单，不需要参考电压，无须考虑相位调整和零点残余电压的影响。此外，由于经过差动整流后变成直流输出，便于远距离传输，因

此这种电路应用广泛。

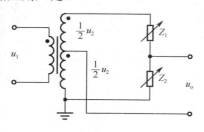

图 1-2-13　变压器电桥电路

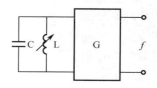

图 1-2-14　调频电路

差动整流电路是把差动变压器的两个次级输出电压分别整流，再将整流的电压或电流的差值作为输出。

图 1-2-15（a）所示的半波电压输出电路与图 1-2-15（b）所示的半波电流输出电路适用于低阻抗负载，电阻 R_0 用于调整零点残余电压。

图 1-2-15（c）、（d）所示的差动整流电路适用于交流阻抗负载，从电路结构可知，不论两个次级线圈的输出瞬时电压极性如何，流经电容 C_1 的电流方向总是从 A 点到 B 点，流经电容 C_2 的电流方向总是从 D 点到 C 点，故整流电路的输出电压为 C_1 两端电压 u_{AB} 与 C_2 两端电压 u_{DC} 之差，即 $u_o=u_{AB}-u_{DC}$。当衔铁在零位时，$u_{AB}=u_{DC}$，输出电压 $u_o=0$；当衔铁在零位以上时，因为 $u_{AB}>u_{DC}$，输出电压 $u_o>0$；而当衔铁在零位以下时，$u_{AB}<u_{DC}$，输出电压 $u_o<0$。u_o 的正负表示衔铁位移的方向。

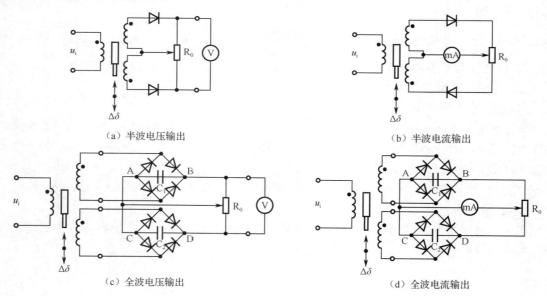

（a）半波电压输出　　　　　　　　　　（b）半波电流输出

（c）全波电压输出　　　　　　　　　　（d）全波电流输出

图 1-2-15　差动整流电路

② 相敏检波电路。

互感传感器输出的是交流电压，若用交流电压表测量，只能反映衔铁位移的大小，而无法判断衔铁的移动方向；另外，在实际应用中，由于互感传感器结构不对称、初级线圈纵向排列不均匀及衔铁位置等因素，会造成衔铁处于差动线圈中心位置时的输出电压包含零点残余电压。

减小零点残余电压的方法通常有：提高框架和线圈的对称性；减少电源中的谐波成分；正确选择磁路材料，同时适当减小线圈的励磁电流，使衔铁工作在磁化曲线的线性区；在线圈上并联阻容移相电路，补偿相位误差；采用相敏检波电路。

图 1-2-16（a）所示为没有采用相敏检波电路的输出特性曲线，图中的 U_r 就是零点残余电压，当衔铁左右移动时，输出电压始终为正电压；图 1-2-16（b）采用了相敏检波电路，输出电压的正负极性与衔铁的移动方向有关，输出电压既反映位移的大小，又反映位移的方向。

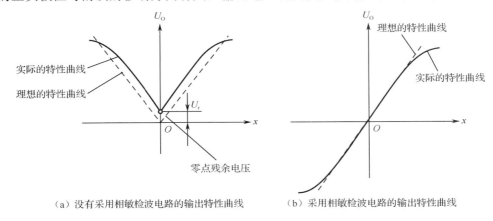

（a）没有采用相敏检波电路的输出特性曲线　　（b）采用相敏检波电路的输出特性曲线

图 1-2-16　互感传感器输出特性曲线

相敏检波电路如图 1-2-17 所示，VD_1、VD_2、VD_3、VD_4 是四个性能相同的二极管，传感器的两个线圈（L_1、L_2）作为交流电桥相邻的两个工作臂，C_1、C_2 作为电桥的另外两个臂，电桥供电电压由变压器 Tr 的次级提供。R_1、R_2、R_3、R_4 为限流电阻，C_3 为滤波电容，RW 为调零电位器，用以调节零点残余电压，输出电压信号由中心为零刻度的直流电压表或数字电压表指示。

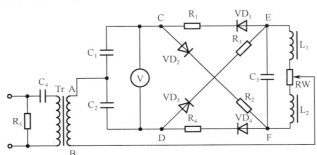

图 1-2-17　相敏检波电路

设互感传感器的线圈阻抗分别为 Z_1 和 Z_2。当衔铁处于中心位置时 $Z_1=Z_2=Z$，电桥处于平衡状态，C 点电位等于 D 点地位，电表指示为零。

当衔铁上移时，上部线圈的阻抗增大，$Z_1=Z+\Delta Z$，下部线圈的阻抗减小，$Z_2=Z-\Delta Z$。如果电桥电压为正半周，即 A 点电位为正，B 点电位为负，则二极管 VD_2、VD_3 导通，VD_1、VD_4 截止，D 点电位高于 C 点电位，直流电压表正向偏转。如果输入交流电压为负半周，A 点电位为负，B 点电位为正，则二极管 VD_1、VD_4 导通，VD_2、VD_3 截止，D 点电位仍然高于 C 点电位，电压表仍然正向偏转。同理，衔铁下移时电压表一直反向偏转。因此，电压表偏转的方向代表了衔铁的位移方向。

（3）电涡流传感器的测量电路

利用电涡流传感器进行测量时，为了得到较强的电涡流效应，通常使激磁线圈工作在较高频率下，信号转换电路主要有调幅电路和调频电路两种。

① 调幅电路。

调幅电路如图 1-2-18 所示。使用石英晶体振荡器产生的高频振荡信号激励电涡流线圈，电涡流线圈 L 作为组成 LC 振荡器的电感元件与电容 C 构成并联谐振回路。LC 振荡器的阻抗和电阻 R 形成串联分压电路，当金属物料靠近传感器时，它在高频磁场中产生电涡流，引起 LC 振荡器的阻抗衰减，导致谐振回路输出电压减小；当金属物料远离传感器时，LC 振荡器的阻抗增大，谐振回路输出电压也增大。谐振回路输出电压还要经过高频放大器、检波器、低频放大器的处理，最终输出的直流电压大小的变化反映了金属物料与电涡流线圈之间距离的变化。

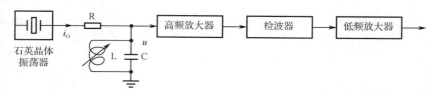

图 1-2-18　调幅电路

② 调频电路。

调频电路如图 1-2-19 所示。电涡流线圈作为组成 LC 振荡器的电感元件，当电涡流线圈与被测物体之间的距离发生改变时，电涡流线圈的电感量也随之改变，引起 LC 振荡器的振荡频率发生变化，该频率可直接由数字频率计测得，或通过高频放大器、限幅器和鉴频器，经频率-电压转换电路转换后用数字电压表测量出对应的电压。

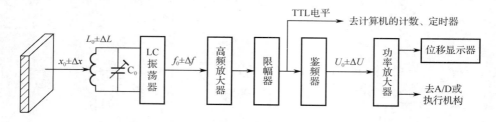

图 1-2-19　调频电路

想一想

互感传感器采用相敏检波电路最重要的目的是什么？

3. 电感式传感器的应用

（1）测厚仪

测厚仪如图 1-2-20 所示，测厚仪内部为差动式自感传感器。当被测件的厚度发生变化时，引起测量杆上下移动，带动衔铁移动，导致衔铁和定铁芯之间的气隙厚度发生变化，使线圈的电感量发生相应的变化。此电感变化量经带相敏整流的交流电桥测量后，送指示仪表显示，其大小与被测物的厚度成正比。

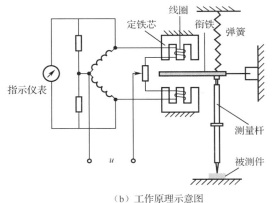

（a）实物图　　　　　　　　　　　　　　（b）工作原理示意图

图 1-2-20　测厚仪

（2）圆度仪

圆度仪用于测量零件的圆度、同轴度、平面度、偏心度等，现已广泛应用于汽车、摩托车、机床、轴承、油泵油嘴等生产企业的车间和计量部门，圆度仪如图 1-2-21 所示。

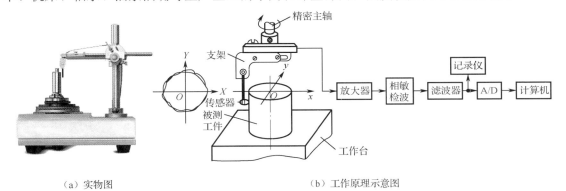

（a）实物图　　　　　　　　　　　　　　（b）工作原理示意图

图 1-2-21　圆度仪

在传感器测杆的一端装有金刚石触针，触针与传感器内的衔铁连接。测量时将触针与被测工件的表面接触，精密主轴转动时，触针在工件表面滑行，沿 X 轴做横向移动，带动传感器的衔铁做同步运动，理想情况下，主轴运动的轨迹是"真圆"；当被测工件有圆度误差时，必定相对于"真圆"产生偏差，衔铁运动产生的偏差导致传感器线圈的电感量发生变化，电感量的变化经传感器转换成反映被测工件半径偏差信息的电信号，经过放大、相敏检波、滤波、A/D 转换后送入计算机处理，最后显示出被测工件的圆度误差，或用记录仪记录被测工件的轮廓图形。

（3）测微仪

随着新技术、新工艺、新设备的应用，机械、塑料物件加工趋向于微型化，加工件的精度也得以提高。在这种情况下，需要高精度的自动分选系统来分选加工件。图 1-2-22 是一个加工滚柱的自动直径分选装置，它可以自动分选不合格的加工件。该装置的核心部件是测微仪，如图 1-2-23 所示。

被测滚柱被气缸中的推杆挡住无法自行落下，测微仪的测杆被提升到螺管的中间位置。当要测量某一个滚柱时，限位挡板升起，推杆缩回，被测滚柱通过落料管滚至测杆正下方，然后气缸推出推杆,阻止其他滚柱进入分选机,与此同时释放测杆,使测杆向下移动,接触被测滚柱,测量滚柱直径。不同滚柱直径不同,使得钨钢测头上下移动,测微仪将测量到的钨钢测头位移信号转换成电信号,经过一系列电路处理后输送到计算机中,由计算机计算出被测滚柱直径与标准滚柱直径的偏差值,再控制电磁铁驱动器打开对应的电磁翻板,从而将不同直径的滚柱送至对应的料斗中,这样便完成了滚柱的分选过程。

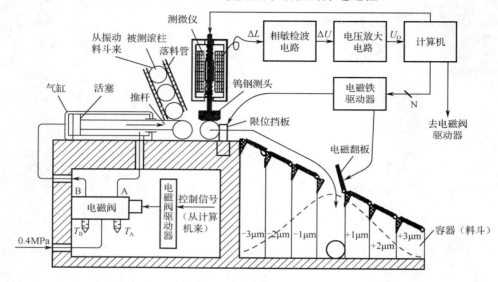

图 1-2-22 自动直径分选装置

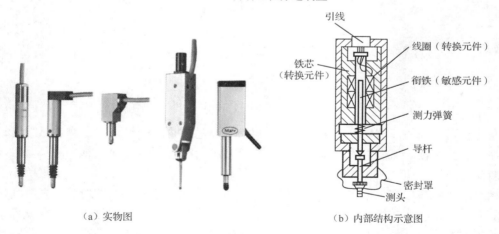

图 1-2-23 测微仪

（4）转速计

转速计如图 1-2-24 所示。转轴由软磁材料制成,上面有一个凹槽。将电涡流传感器放置在距离转轴表面 d_0 的位置,凹槽对准电涡流传感器时,其内表面与传感器之间的距离为 $d_0+\Delta d$。在转轴转动的过程中,凹槽不断掠过电涡流传感器,由于电涡流效应,传感器线圈的电感量发生变化,从而使振荡器的振荡频率发生变化,该信号经过高频放大器放大,再由检波器、整形电路转换为与转速成正比的脉冲电压信号,用频率计对脉冲电压信号进行计数,从而计算出转轴的转速。

（a）实物图

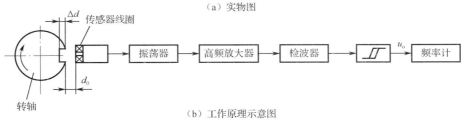

（b）工作原理示意图

图 1-2-24　转速计

（5）仿形机床

在加工复杂的机械零件时，采用仿形加工是一种较简单和经济的方法，如图 1-2-25 所示是电感式（或差动变压器式）仿形机床。

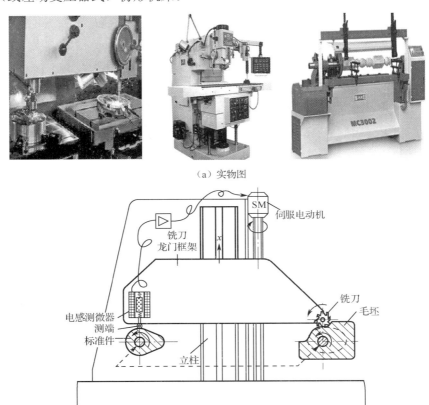

（a）实物图

（b）工作原理示意图

图 1-2-25　电感式仿形机床

在机床左边工作台的转轴上固定一个已加工好的标准件,将毛坯固定在右边的转轴上,左右两轴同步旋转。铣刀与电感测微器安装在由伺服电动机驱动的、可以顺着立柱的导轨上下移动的龙门框架上。电感测微器的硬质合金测端与标准件外表面接触。当衔铁不在差动电感线圈的中心位置时,测微器有输出。输出电压经伺服放大器放大后,驱动伺服电动机正转(或反转),带动龙门框架上移(或下移),直至测微器的衔铁恢复到差动电感线圈的中心位置为止。龙门框架的上下位置决定了铣刀的切削深度。当标准件转过一个微小的角度时,衔铁上升(或下降),测微器必然有输出,伺服电动机转动,使铣刀架也上升(或下降),从而减小(或增大)切削深度。这个过程一直持续到加工出与标准件完全一样的工件为止。

想一想

电感式传感器还有哪些典型应用?

二、装调物料分拣系统

在透明工厂中,物料分拣大都采用智能化分拣来替代人工分拣。本活动通过输送带和电感式接近开关来模拟一个物料分拣系统。当物料进入该系统时,电感式接近开关触发分选推送器,将不同材质的物料送入不同的物料箱中,完成一次分拣过程。物料分拣系统的构成如图1-2-26所示。

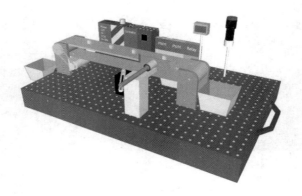

(a) 鸟瞰图

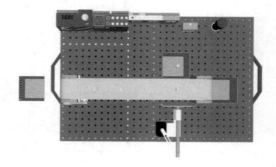

(b) 俯视图

图1-2-26 物料分拣系统的构成

1. 系统工作原理

本活动采用电感式接近开关,它有 PNP 与 NPN 两种类型,按照开关状态又可细分为六类:NPN-NO(常开型)、NPN-NC(常闭型)、NPN-NC+NO(常开、常闭共有型)、PNP-NO(常开型)、PNP-NC(常闭型)、PNP-NC+NO(常开、常闭共有型)。本活动采用的是 NPN-NO 型电感式接近开关,如图 1-2-27 所示。棕色(红色)为电源线(V_{CC}),蓝色为地线,黑色为输出(OUT)线。没有信号触发时,输出线是悬空的,即电源线和输出线断开。有信号触发时,输出线与电源线有相同的电压,相当于输出线和电源线连接,输出高电平(V_{CC})。

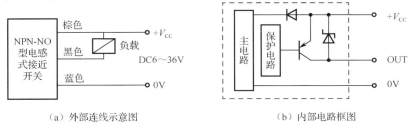

(a)外部连线示意图 　　　　(b)内部电路框图

图 1-2-27　NPN-NO 型电感式接近开关

电感式接近开关的检测距离受被测物体材质的影响,标准的检测材质是铁,不锈钢、黄铜、铬、镍、铝等的检测距离都会有不同程度的衰减,如图 1-2-28 所示。

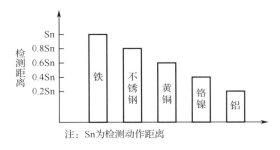

注:Sn 为检测动作距离

图 1-2-28　不同材质的检测距离

电感式接近开关原理框图如图 1-2-29 所示。高频振荡器产生一个交变磁场。当被测金属物体接近这一磁场并达到感应距离时,在金属物体内产生电涡流,它作用于感应磁罐,从而导致振荡衰减甚至停振。检测距离的不断变化使得高频振荡器在振荡与停振之间不断变化,这个变化被后级放大电路处理并转换成开关量输出。

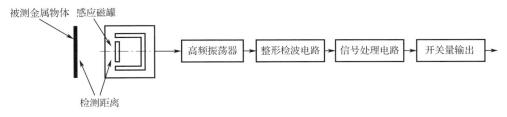

图 1-2-29　电感式接近开关原理框图

2. 装调过程

(1)检测元器件

物料分拣系统元器件清单见表 1-2-2。准备好所有元器件,检测元器件性能是否正常。

表 1-2-2 物料分拣系统元器件清单

序 号	名 称	型号/规格	数 量
1	电感式接近开关	SN04-N/NPN/常开	2
2	高精度 24 位 A/D 采集模块	HX711/24bit	1
3	OLED 显示模块	SSD1306/12864/0.96 英寸	1
4	声光报警器	22sm/12V	1
5	控制器	ATMEGA2560	1
6	继电器	松乐 SRD/12V	1
7	输送带套件	GH-S-60	1
8	电机驱动调速模块	GH-PWM-01	1
9	分选推送器	GH-90	2
10	电源	12V/5V/30W	1
11	物料箱	—	2
12	物料块	铁质/铝质/塑料	10
13	传感器安装支架	—	1
14	万用表	—	1
15	导线	—	若干

将电感式接近开关接入电源，使用不同材质的物料块接近电感式接近开关，通过万用表观察通断情况，并记录通断距离和开关输出（表 1-2-3）。

表 1-2-3 电感式接近开关检测数据表

材 质	电 压	通 断 距 离	开 关 输 出

（2）装调系统

物料分拣系统模块外形图如图 1-2-30 所示。

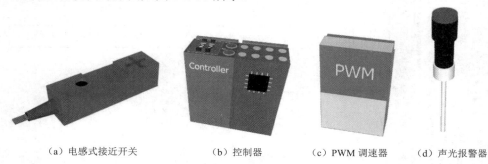

(a) 电感式接近开关　　(b) 控制器　　(c) PWM 调速器　　(d) 声光报警器

图 1-2-30 物料分拣系统模块外形图

任务一　部署透明工厂信息采集系统

（e）继电器

（f）OLED 显示模块

（g）输送带

（h）分选推送器

图 1-2-30　物料分拣系统模块外形图（续）

① 搭建系统。

步骤一：搭建由电机驱动调速模块、直流减速电机、同步带轮、输送带、输送带支架构成的输送带系统。

步骤二：安装分选推送器。

步骤三：安装控制器、OLED 显示模块和声光报警器。

步骤四：搭建由电感式接近开关和支架组成的传感器模块。

步骤五：连接电感式接近开关、分选推送器、电机驱动调速模块到分拣控制系统。

② 调试系统。

步骤一：将控制器上的项目拨码开关设置为 1，活动拨码开关设置为 2。

步骤二：调整输送带的移动方向、速度。

步骤三：调节电感式接近开关的距离，以响应不同材质的物料块。

步骤四：调整分选推送器的距离。

步骤五：完成系统启动和停止、设置分拣速度、设定分拣位置等操作。

③ 注意事项。

（a）电感式接近开关的电源线和输出线不要接错。

（b）注意电感式接近开关工作电压的范围。

（c）注意常开型和常闭型接近开关的输出特征。

想一想

能否将电感式接近开关换成电容式接近开关来检测金属物料块？

活动总结

本活动以装调透明工厂物料分拣系统为目标，对物料分拣系统的作用、组成、结构，以及系统中分拣传感器的安装方法和基于电感式传感器的物料识别与分拣过程进行了介绍。

本活动对电感式传感器的组成、结构、工作原理、测量电路及应用进行了详细介绍。电感式传感器的原理如下：将电磁敏感元件（如被测金属件或衔铁）置于通有交变电流的电感线圈所产生的磁场中，改变电磁敏感元件的位移，将会引起线圈的自感系数、互感系数或磁阻发生变化，通过测量电路将这种变化转换为电压、电流或频率输出，便可测出相应的非电量参数。

电感式传感器主要分为自感式、互感式和电涡流式三种。将被测的非电量信号转换为线圈自感系数变化的传感器称为自感传感器，测量电路一般采用变压器电桥电路和调频电路；将被测非电量信号转换为初级线圈与次级线圈间互感系数变化的传感器称为互感传感器，测量电路一般采用差动整流电路和相敏检波电路；当金属导体接近通有交变电流的线圈时，金属导体内会感应出呈涡旋状的电流，这种电流称为电涡流，这种现象称为电涡流效应，利用电涡流效应制成的传感器称为电涡流传感器，测量电路一般采用调幅电路和调频电路。

本活动采用模块搭接的方式模拟工厂内的物料分拣系统，涉及分拣传感器的工作原理及系统装调过程等内容。

活动测试

一、填空题

1. 电感式传感器种类很多，主要分为_____、_____和_____三种。
2. 将被测的非电量信号转换为线圈_____的传感器称为自感传感器，自感传感器由铁芯、线圈和衔铁组成。
3. 自感传感器从结构上分为_____、_____和_____三种形式。
4. 将被测非电量信号转换为初级线圈与次级线圈间_____的传感器称为互感传感器。
5. 当金属导体接近通有交变电流的线圈时，金属导体内会感应出呈涡旋状的电流，这种现象称为_____。
6. 按照电涡流在导体内的贯穿情况，电涡流传感器可分为_____和_____两类。
7. 自感式测厚仪一般采用_____，其测量电路为带相敏整流的交流电桥。当被测物体的_____时，引起测杆上下移动，带动_____，从而使线圈的_____发生相应的变化。
8. 电涡流的大小和金属导体的电阻率、磁导率、厚度、线圈与金属导体之间的_____，以及线圈励磁电流的_____等参数有关。如果固定其中某些参数，就可根据电涡流的大小测出另外一些参数。
9. 螺管式互感传感器在活动衔铁位于_____位置时，输出电压应该为零，但实际不为零，称它为_____。
10. 与互感传感器配用的测量电路中，常用的有两种：_____电路和_____电路。

二、选择题

1. 电感式传感器不可以对（　　）物理量进行测量。
   a. 位移　　　　　b. 振动　　　　　c. 压力　　　　　d. 温度
2. 电感式传感器的常用测量电路不包括（　　）。
   a. 交流电桥　　　　　　　　　　　b. 变压器式交流电桥
   c. 脉冲宽度调制电路　　　　　　　d. 相敏检波测量电路
3. 下列（　　）属于差动螺管式电感传感器配用的测量电路。
   a. 直流电桥　　　　　　　　　　　b. 变压器式交流电桥
   c. 差动相敏检波电路　　　　　　　d. 运算放大电路
4. 下列（　　）不属于电涡流传感器配用的测量电路。

a. 调幅电路　　　　　　　　　　　b. 调频电路
c. 调相电路　　　　　　　　　　　d. 运算放大电路
5. 电感式传感器采用变压器式交流电桥测量电路时，下列说法正确的是（　　）。
a. 衔铁上下移动时，输出电压相位相同
b. 衔铁上下移动时，输出电压随衔铁的位移而变化
c. 根据输出的指示可以判断位移的方向
d. 当衔铁位于中间位置时，电桥处于失衡状态
6. 下列不属于电感式传感器的是（　　）。
a. 差动式　　　　b. 变压式　　　　c. 应变式　　　　d. 感应同步器
7. 下列说法正确的是（　　）。
a. 差动整流电路可以消除零点残余电压，但不能判断衔铁的位置。
b. 差动整流电路可以判断衔铁的位置，但不能判断运动的方向。
c. 相敏检波电路可以判断位移的大小，但不能判断位移的方向。
d. 相敏检波电路可以判断位移的大小，也可以判断位移的方向。
8. 需要测量快速位移变化，且无须在被测物体上施加外力的场合一般选用（　　）。
a. 电涡流传感器　　　　　　　　　b. 自感传感器
c. 互感传感器　　　　　　　　　　d. 应变传感器
9. 对于自感传感器，当气隙变小时，电感变大，对交流电的阻碍能力变大，电流（　　）。
a. 变大　　　　　b. 变小　　　　　c. 没有变化　　　d. 都有可能
10. 通常用互感传感器测量（　　）。
a. 位移　　　　　b. 振动　　　　　c. 加速度　　　　d. 厚度

活动三　装调透明工厂温度监控系统

温度是工业生产中最为常见的工艺参数之一，尤其是在化工生产领域，将各种原料按照一定配比送入反应釜中，通过化学反应完成原料到产品的转变，化学反应往往伴随大量热量的散发和吸收，因此，控制反应釜的温度是整个化工生产工艺的核心部分，它直接影响产品的质量、产出率及能耗。

反应釜温度控制系统示意图如图1-3-1所示，该系统主要由反应釜、搅拌电机、温度传感器、压力表、原料供给设备、液位开关及各种阀门组成。

在反应釜顶部装有温度传感器，用温度传感器检测反应釜的温度，并将其转换成电信号，送到控制模块，与模块设置的温度信号进行比较，若高于设定温度，则启动搅拌电机，开启冷/热剂进口阀门，输入冷剂降低反应釜温度；若反应釜温度低于所设定的温度，则停止搅拌电机的转动，开启冷/热剂进口阀门，输入热剂使反应釜温度升高，以达到自动调节反应釜温度的目的。

原料配比由安装在各原料储存罐支座上的称重传感器完成，安装在管道上的压力表用于测量反应釜的压力，液位开关用于控制反应釜的液位。

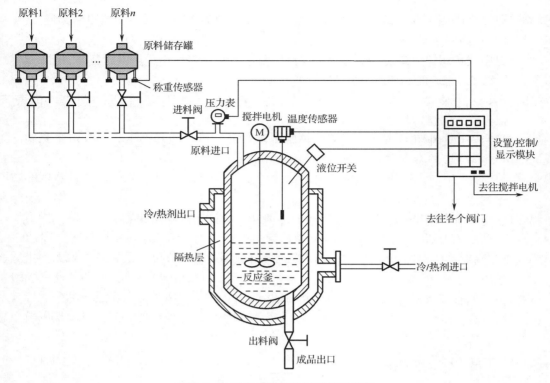

图 1-3-1　反应釜温度控制系统示意图

反应釜内的温度传感器一般采用能在高温环境下使用的热电偶,典型的热电偶如图 1-3-2 所示。热电偶主要由接线盒、热电极、绝缘套、热端的焊点及保护套管组成。

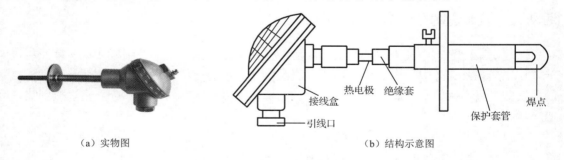

（a）实物图　　　　　　　　　　　（b）结构示意图

图 1-3-2　典型的热电偶

一、认知温度传感器

温度传感器是利用热电效应将温度的变化转换为电信号的一种传感器。温度传感器种类繁多,按使用方式可划分为接触型温度传感器和非接触型温度传感器两大类。前者在测量温度时需要直接接触被测物体,后者则是利用被测物体发射的红外线进行测量的。按照输出信号的不同,温度传感器又可分为热电偶、热电阻及热释电红外传感器三类,其工作原理框图如图 1-3-3 所示。

温度传感器直接将温度信号转换为电信号,因此,它既是敏感元件,又是转换元件,它能检测到温度的变化并将其转换为热电动势、电荷和电阻的变化,再通过测量电路进行电信号的转换和放大。

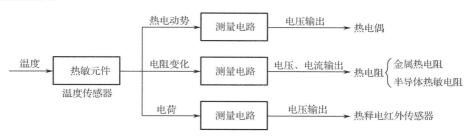

图 1-3-3　温度传感器工作原理框图

其中，热电偶、热电阻属于接触型温度传感器，而热释电红外传感器属于非接触型温度传感器。

1. 温度传感器的工作原理

（1）热电偶的工作原理

热电偶是温度测量中应用最广泛的温度传感器，热电偶是基于热电效应来测量温度的，主要用于测量-84～2300℃范围内的温度。热电偶能将温度转换成热电动势输出，再经过测量电路放大，送到控制或显示电路，以获得被测介质的温度。

各种热电偶的外形有所不同，但它们的基本结构大致相同，常见热电偶如图1-3-4所示。

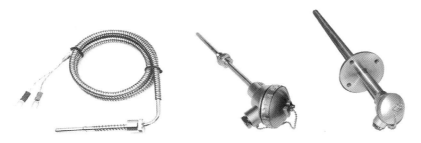

图 1-3-4　常见热电偶

如图1-3-5所示，将两种不同材料的导体A和B串接成一个闭合回路，由于两个导体材料不同，内部电子的浓度不同，当两个接点温度有差异时，电子浓度大的材料中的电子会向电子浓度小的材料中扩散，电子扩散的速率与两个导体的材料和接点温度有关，电子扩散的结果是导体A由于失去电子而带正电荷，导体B由于获得电子而带负电荷，电子扩散形成了一定大小的电流，回路中产生了一定的热电动势，这种现象称为热电效应。

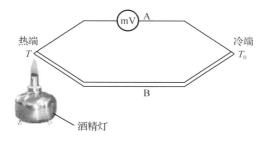

图 1-3-5　热电效应原理图

热电偶产生的热电动势可以用下式表示：
$$E_T = E_{AB}(T) - E_{AB}(T_0)$$
式中，E_T 为热电偶的热电动势，$E_{AB}(T)$ 为温度在 T 时热端的热电动势，$E_{AB}(T_0)$ 为温度在 T_0 时冷端的热电动势。

通过以上分析可以得出如下结论：

① 热电偶的两个热电极必须是两种不同材料的均质导体，否则热电偶回路的总热电动势为零。

② 热电偶两接点温度必须不等，否则热电偶回路的总热电动势也为零。

③ 热电偶产生的热电动势与两个接点温度有关，而与中间温度无关；与热电极的材料有关，而与热电极的尺寸、形状无关。

热电偶按照用途、安装位置和方式、材料等的不同可分为普通热电偶、铠装热电偶、薄膜热电偶、表面热电偶、防爆热电偶及浸入式热电偶等不同类型，各种热电偶的比较见表 1-3-1。

表 1-3-1 各种热电偶的比较

类型	普通热电偶	铠装热电偶	薄膜热电偶	表面热电偶	防爆热电偶	浸入式热电偶
结构	由热电极、绝缘套管、保护管和接线盒组成	由热电偶丝、绝缘材料和金属套管三者经拉伸加工而成的坚实组合体	由两种薄膜热电极材料经真空蒸镀、化学涂层等方法蒸镀到绝缘基板上制成	它的测温结构分为凸形、弓形和针形	采用间隙隔爆原理，设计具有足够强度的接线盒等部件进行隔爆	热电极装在 U 形石英管内，其外部有绝缘良好的纸管、保护管及高温绝热水泥加以保护和固定
性能特点	装配简单，更换方便；采用压簧式感温元件，抗震性能好；测量范围大；机械强度高，耐压性能好	小型化（直径为 0.25～12mm），动态响应快，柔性好，便于弯曲，强度高，使用方便	测量端小又薄，动态响应快，反应时间仅为几毫秒	携带方便，读数直观，反应较快，价格低	接线盒的特殊结构能避免生产现场发生爆炸	反应时间一般为 4～6s。在测出温度后，热电偶和石英保护管都被烧坏，因此只能一次性使用
测量范围	0～1300℃	0～1300℃	200～500℃	0～250℃和 0～600℃两种	0～1300℃	50～500℃
使用场合	测量生产过程中的各种液体、蒸汽和气体介质及固体表面温度	测量生产过程中的各种液体、蒸汽和气体介质温度及固体表面温度，特别是高压装置和狭窄管道的温度	测量微小面积上的温度，以及快速变化的表面温度	测量金属块、炉壁、橡胶筒、涡轮叶片、轧辊等固体的表面温度	测量易燃、易爆化学气体的温度	测量液态金属如钢水、铜水、铝水及熔融合金的温度

热电偶结构简单，使用方便，有标准的显示和记录仪表（动圈式仪表）配合使用；热电偶属于自发电型传感器，测量时无须外加电源；热电偶测量范围广，尤其是高温区的测量，可达 1800℃ 以上；热电偶可进行远距离测量和多点测量，可测温度、温度差或平均温度。

（2）热电阻的工作原理

热电偶适合测量 500℃以上的较高温度,对于 500℃以下的温度,则不宜使用热电偶测量,原因如下:一是在中、低温区热电偶输出的热电动势很小,这样小的热电动势对于测量电路的抗干扰措施要求很高,否则难以测准;二是在较低的温度区域不易得到全补偿,因此冷端温度的变化和环境温度的变化所引起的相对误差就显得特别突出。在中、低温区,一般使用热电阻来进行温度测量。

电阻值随着温度变化而变化且呈一定函数关系的传感器称为热电阻。根据材料的不同,热电阻分为金属热电阻和半导体热敏电阻。

① 金属热电阻的工作原理。

金属热电阻是基于金属导体的电阻值随温度的升高而增大的特性来测量温度的,在工业生产中主要测量-100～500℃的温度。

将细金属丝（铂丝或者铜丝）均匀地缠绕在绝缘材料制成的骨架上,外面再加上保护套管便构成了热电阻,绝缘材料和保护套管应根据测温范围来选用。如图 1-3-6 所示为热电阻的外形和结构图。

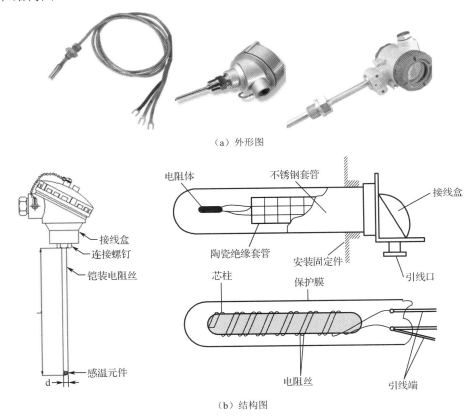

图 1-3-6 热电阻的外形和结构图

就其结构来分,热电阻可以分为普通热电阻、铠装热电阻、端面热电阻和隔爆型热电阻等。这些热电阻都有自己的特点,适用于不同的场合。表 1-3-2 为各种热电阻的比较。

目前应用最多的是普通热电阻,主要有铂热电阻、铜热电阻及镍热电阻等,铂热电阻的使用率最高,测量精确度也最高,不仅被广泛应用于工业测温领域,而且被制成标准的基准仪。

表 1-3-2 各种热电阻的比较

类型	普通热电阻	铠装热电阻	端面热电阻	隔爆型热电阻
结构	由感温元件、固定装置和接线盒组成	由感温元件(电阻体)、引线、绝缘材料、不锈钢套管组成	感温元件由经特殊处理的电阻丝材料绕制而成,紧贴在温度计端面上	与装配式薄膜铂热电阻的结构基本相同,两者的区别是隔爆型热电阻的接线盒用高强度的铝合金压铸而成,并具有足够的内部空间、壁厚和机械强度
性能特点	测量精度高,测量范围广,运行稳定可靠	形状细长,易弯曲,抗震性好,热响应时间短	能正确、快速地反映被测端面的实际温度	接线盒的特殊结构能避免生产现场发生爆炸
使用场合	工业生产中应用范围最广的一类热电阻	直径比装配式热电阻小,适宜安装在装配式热电阻无法安装的场合	适合测量轴瓦和其他机件的端面温度	适合在有易燃、易爆品的环境中使用,如化工、化纤行业等

② 半导体热敏电阻的工作原理。

半导体热敏电阻是利用半导体的电阻值随温度显著变化这一特性而制成的一种传感器,简称热敏电阻,它能对温度和与温度有关的参数进行检测。热敏电阻灵敏度高,其电阻温度系数比金属大 10～100 倍,能检测出 10℃ 温度变化;热敏电阻体积小,元件尺寸可做到直径 0.2mm,能测量其他温度传感器无法测量的空隙、体腔内孔等处的温度;热敏电阻使用方便,阻值范围广,可在 $10^2 \sim 10^3 \Omega$ 范围内任意选择。但热敏电阻的阻值与温度呈非线性关系,因此热敏电阻常用在一些精度要求不高且温度不太高的场合,这限制了它的应用。

热敏电阻可加工成各种形状,如柱状、片状等,热敏电阻的外形及电气符号如图 1-3-7 所示。

(a)外形图

(b)电气符号

图 1-3-7 热敏电阻的外形及电气符号

热敏电阻按照温度特性可分为正温度系数(PTC)型、负温度系数(NTC)型和临界温度系数(CTR)型三种。热敏电阻温度特性如图 1-3-8 所示。

正温度系数热敏电阻温度越高时电阻值越大,负温度系数热敏电阻温度越高时电阻值越小,临界温度系数热敏电阻在某一温度下电阻值突然减小。热敏电阻通常用于测量-90～130℃ 范围内的温度。负温度系数热敏电阻研究最早,生产最成熟,是应用最广泛的热敏电阻之一。

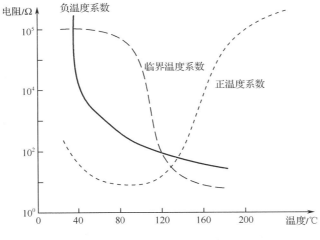

图 1-3-8 热敏电阻温度特性

上述三种热敏电阻的比较见表 1-3-3。

表 1-3-3 三种热敏电阻的比较

类　型	正温度系数热敏电阻	负温度系数热敏电阻	临界温度系数热敏电阻
材料	以 $BaTiO_3$、$SrTiO_3$ 或 $PbTiO_3$ 为主要成分的烧结体	以锰、钴、镍、铜等金属氧化物为主要成分的烧结体	钒、钡、锶、磷等元素氧化物的混合烧结体
特性	电阻值随温度的升高而增大	电阻值随温度的升高而减小	电阻值在某特定温度范围内随温度的升高而降低 3～4 个数量级，即具有很大的负温度系数
测量范围	50～150℃	50～350℃	随添加的氧化物而变
使用场合	用于彩电消磁、各种电气设备的过热保护、发热源的定温控制，作为暖风器、电烙铁、烘衣柜、空调的加热元件	用于点温、表面温度、温差、温场等测量系统自动控制及电子线路的热补偿线路	控温报警

（3）热释电红外传感器的工作原理

当某种材料受到红外辐射而温度升高时，在其表面释放出一部分电荷，这种现象称为热释电效应，热释电效应原理图如图 1-3-9 所示。释放的电荷经放大器可转换为电压输出，这就是热释电红外传感器的工作原理。

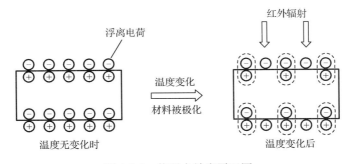

图 1-3-9 热释电效应原理图

热释电红外传感器如图 1-3-10 所示。它是在热释电晶体的两面镀上金属电极后加电极化制成的，相当于一个以热释电晶体为电介质的平板电容器。由探测元件将探测并接收到的红外辐射转变成微弱的电压信号，经装在探头内的场效应管放大后向外输出。

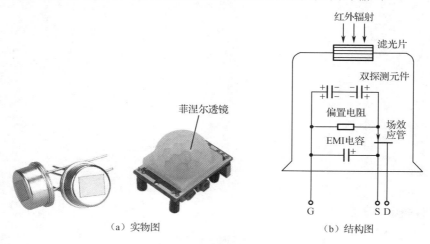

图 1-3-10　热释电红外传感器

一般每个传感器内都装有两个探测元件，并将它们反极性串联。在无人通过时，传感器仅感应环境温度，由于电极相反，热辐射对这两个探测元件的作用几乎相同，使其产生的热释电效应相互抵消，输出信号几乎为零。

滤光片可使特定波长的红外辐射通过（如人体发出的红外辐射），而将其他辐射（如灯光、太阳光及其他辐射）滤掉，以抑制外界的干扰。

引入场效应管是为了抑制外部环境对传感器输出信号的干扰，同时起阻抗匹配作用。补偿型热释电红外传感器还带有温度补偿元件。

为了提高探测灵敏度以增大探测距离，一般在传感器的前方装设一个具有特殊光学系统的菲涅尔透镜。菲涅尔透镜利用透镜的特殊光学原理，在传感器前方产生交替变化的"盲区"和"敏感区"，以提高它的探测灵敏度。

热释电红外传感器的工作原理如图 1-3-11 所示。热释电红外传感器对人体的敏感程度与人的运动方向关系很大，传感器对于径向移动不敏感，而对与半径垂直的方向的移动最为敏感。当有人从透镜前走过时，人体发出的红外辐射就不断交替地从"盲区"进入"敏感区"，通过菲涅尔透镜聚焦，热释电红外传感器就能接收到忽强忽弱的脉冲电压信号。由于角度不同，两个探测元件接收到的热量不同，热释电能量也不同，相互之间不能完全抵消，由此产生输出信号。

 想一想

简述热电偶、热电阻及热释电红外传感器的组成及工作原理。

2. 温度传感器的测量电路

（1）热电偶的测量电路

在热电偶中，直接用于测量介质的一端称为热端（也称工作端），另一端称为冷端（也称

自由端），冷端与显示仪表或配套仪表连接，显示仪表会显示热电偶所产生的热电动势。热电偶的测量电路如图 1-3-12 所示。

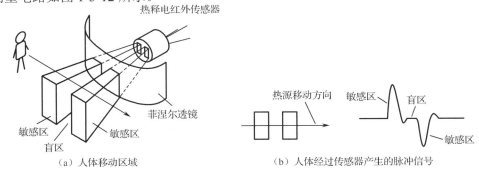

(a) 人体移动区域　　　　　　　(b) 人体经过传感器产生的脉冲信号

图 1-3-11　热释电红外传感器的工作原理

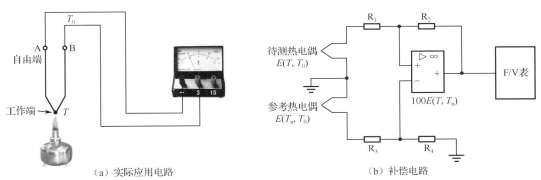

(a) 实际应用电路　　　　　　　(b) 补偿电路

图 1-3-12　热电偶的测量电路

热电偶信号检测时，无法用万用表直接测量经过塞贝克效应的电压，因为万用表接线与热电偶接线又会产生新的热电偶接面电压。电表接线与热电偶接线的热电偶接面电压由"差动放大器"共模增益抵消，待测热电偶接面电压及参考热电偶接面电压由"差动放大器"差模增益放大。

在很多实际情况下，冷端温度并不是 0℃，而是某一温度 T_n，因此必须对所测量的电动势进行修正，修正公式如下：

$$E(T,0) = E(T,T_n) + E(T_n,0)$$

在电路中接入电桥电路，避免冷端温度变化而造成测量误差，随后经过放大电路，可获得温度测量值。

（2）金属热电阻的测量电路

金属热电阻的测量电路如图 1-3-13 所示。RT 为热电阻，R_1、R_2、R_3 为标准电阻，4 个电阻构成电桥的 4 个桥臂，RP 为调零电位器，G 是电位计。为消除导线电阻对温度测量的影响，通常采用三线制接法，即在热电阻的一端连接一根引线，另一端连接两根引线。

（3）半导体热敏电阻的测量电路

半导体热敏电阻通常采用桥式测量电路，如图 1-3-14 所示。

由于 R_1 阻值很大，使得输出电压很小，当温度在 0～100℃ 范围内时，输出电压仅有十几毫伏，因此在输出端一般还需要接电压放大电路。

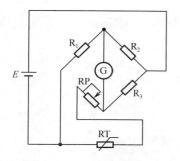

图 1-3-13　金属热电阻的测量电路

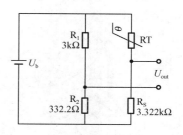

图 1-3-14　桥式测量电路

（4）热释电红外传感器的测量电路

热释电红外传感器输出的信号非常微弱，容易受到噪声干扰，有时输出信号甚至会被淹没在干扰信号中，所以要求它的测量电路具有低噪声、高增益、低频性能好、抗干扰能力强等特点。

热释电红外传感器的测量电路如图 1-3-15 所示，热释电红外传感器 D 端和 5V 电源间串联一个 10kΩ 电阻，用于降低射频干扰，G 端接地，S 端接一个 4.7kΩ 电阻，偏置电压约为 1V。传感器输出直接耦合到低噪声运放（LM324）构成的带通滤波和第一级放大电路的反向输入端，再由 R_6、C_8 耦合到第二级反向放大电路进行进一步滤波放大。双限电压比较器由另外两个放大器构成，当放大器输出信号电平大于双限电压比较器的最高阈值或者小于它的最低阈值时，比较器输出高电平，表示探测到移动的人体。

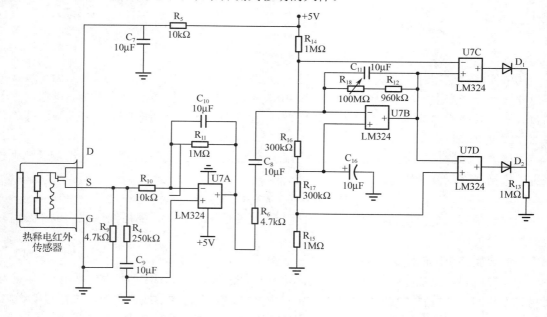

图 1-3-15　热释电红外传感器的测量电路

3. 温度传感器的应用

（1）燃气灶中的感应针

如图 1-3-16 所示，燃气灶中装有两个针状部件，一个是打火针，另一个是感应针。当按下燃气灶旋钮时，高频振荡器产生高频电压，经升压变压器增至 15kV，高压放电产生的电火花将燃气点燃，产生火焰。感应针（热电偶）被火焰加热，产生热电动势，由此产生电流通过导线进入电磁线圈后产生磁场使电磁阀吸合，燃气阀开启，燃气通路打开，维持燃气灶正常燃烧。一旦遇到大风或汤水等溢出扑灭火焰，热电偶的热电动势很快就下降到零，线圈失电，电磁阀在弹簧作用下迅速复位，关闭燃气通路，终止供气。

图 1-3-16　燃气灶中的打火针和感应针

感应针由两种不同金属材料构成，利用不同金属材料在相同温度下的电压差产生电流，产生的电流在电磁阀内部产生磁感应（磁场），使电磁阀针吸住气源弹簧阀芯，从而打开气路，如图 1-3-17（a）所示；当灶具熄火后，感应针内部没有电流，气源弹簧阀芯弹出，堵住进气口，自动断气（停止供气），如图 1-3-17（b）所示。

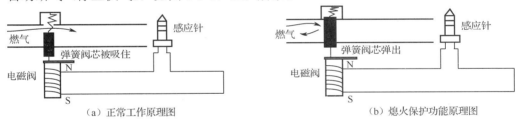

图 1-3-17　感应针工作原理图

（2）燃油温度传感器

燃油温度传感器安装在汽车内燃油泵到燃油冷却器之间的回油管中，用以测量流经回油管的燃油温度，如图 1-3-18 所示。燃油温度发生变化，燃油的密度和黏度也会随之变化，发动机电控单元根据这些数据修正燃油流量。

图 1-3-18　燃油温度传感器在汽车中的安装位置

（3）红外测温仪

红外测温仪实物图如图 1-3-19（a）所示。它主要由光学系统、红外探测器、信号转换放大电路、LCD 显示等部分组成，如图 1-3-19（b）所示。人体红外辐射进入光学系统，经调制器调制成交变辐射信号，通过红外探测器转变成相应的电信号。该信号经过转换放大电路，并按照仪器内的算法和目标发射率校正后转变为被测目标的温度值。

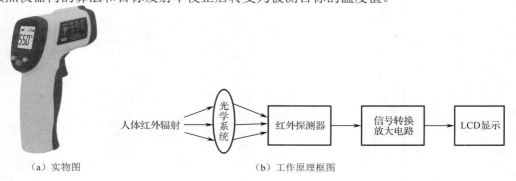

图 1-3-19 红外测温仪

（4）电饭煲限温器

电饭煲是生活中常用的家用电器，它利用限温器来控制煮饭过程中的最高温度，电饭煲限温器如图 1-3-20 所示。

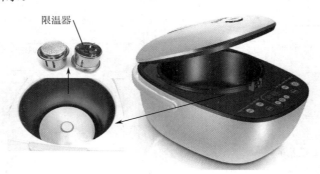

图 1-3-20 电饭煲限温器

限温器上有两块磁铁，下面的是一块永久磁铁，上面的是关键部件感温软磁铁，两块磁铁中间是弹簧。感温软磁铁的居里温度是 101～105℃，它的磁导率与温度呈非线性关系，当温度达到居里温度时它就会失去磁性。

限温器的工作原理是当按下电饭煲开关时，通过杠杆将下面的永久磁铁顶上去与上面的软磁铁紧密吸合并接通发热盘电源触点，使电饭煲通电加热；当温度达到一定值时，上面的软磁铁达到居里温度后失去磁性，在弹簧及重力作用下永久磁铁落下来，带动杠杆使发热盘电源触点断开，切断电源，停止加热，即完成电饭煲工作流程。

（5）热式气体质量流量计

热式气体质量流量计是典型的热电阻应用。热式气体质量流量计是利用热扩散原理测量气体流量的仪表，其基本原理是流体流过发热物体时，发热物体的热量散失与流体的流量呈一定的比例关系。

热式气体质量流量计如图 1-3-21 所示，其中最主要的部分是由两个标准热电阻（RTD）构成的传感器，一个是速度传感器，另一个是测量气体温度变化的温度传感器。测量时，速度传感器被加热用来做热源，温度传感器用于感应被测气体温度。

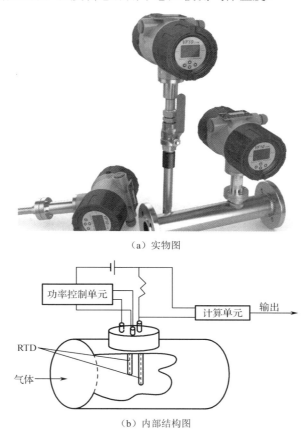

（a）实物图

（b）内部结构图

图 1-3-21　热式气体质量流量计

二、装调温度监控系统

本活动采用最常用的 PT100 热电阻作为温度传感器，使用金属瓶模拟反应釜，通过电加热的方式调节金属瓶内的温度，使用水作为加热的介质，通过设定温度控制是否加热来完成温度检测和控温的过程，从而构成一个完整的温度监控系统。透明工厂温度监控系统的组成如图 1-3-22 所示。

1. 系统工作原理

系统通过加热盘加热，使金属瓶内的温度升高，使用 PT100 热电阻检测瓶内温度，通过事先设定的温度值来控制加热盘的加热过程，即当加热盘被加热到一定温度后会自动停止加热，当加热盘温度低于某温度时又开始加热。注意：温度变化有一定延迟。

PT100 热电阻将检测出来的温度转换为毫伏电压信号送入变送器，经变送器处理，输出 4～20mA 的电流信号。PT100 热电阻安装图和接线图如图 1-3-23 所示。

（a）鸟瞰图

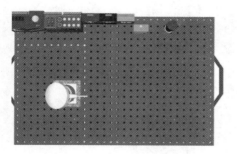

（b）俯视图

图 1-3-22　透明工厂温度监控系统的组成

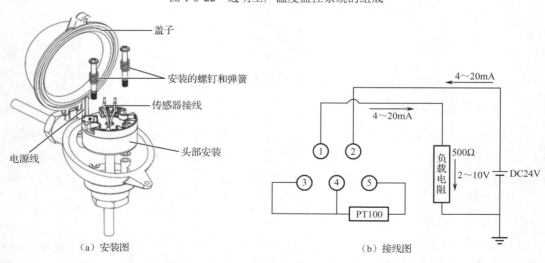

（a）安装图　　　　　　　　　　　（b）接线图

图 1-3-23　PT100 热电阻安装图和接线图

2. 装调过程

（1）检测元器件

温度监控系统元器件清单见表 1-3-4。准备好所有元器件后，测试元器件性能是否正常。

表 1-3-4　元器件清单

序　号	名　　称	型号/规格	数　量
1	热电阻	PT100	1
2	温度变送器	4～20mA	1
3	信号调理模块	4～20mA 转 0～5V	1
4	4 路 16 位 A/D 采集模块	ADS118/SPI	1
5	OLED 显示模块	SSD1306/12864/0.96 英寸	1
6	声光报警器	22sm/12V	1
7	控制器	ATMEGA2560	1
8	继电器	松乐 SRD/12V	1
9	单端加热棒	24V	1
10	铝合金加热盘	—	1
11	加热罐	200mL/50mm	1
12	电源	12V/5V/30W	1
13	万用表		1
14	导线	—	若干

PT100 热电阻的特点是，在 0℃时电阻值是 100Ω，温度降低时电阻值减小，温度升高时电阻值增大。用万用表可判断热电阻的好坏。

（2）装调系统

系统内的模块外形图如图 1-3-24 所示。

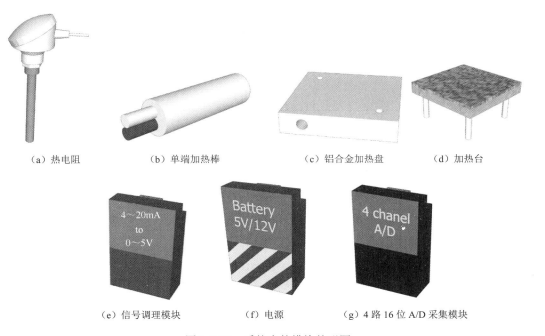

（a）热电阻　　（b）单端加热棒　　（c）铝合金加热盘　　（d）加热台

（e）信号调理模块　　（f）电源　　（g）4 路 16 位 A/D 采集模块

图 1-3-24　系统内的模块外形图

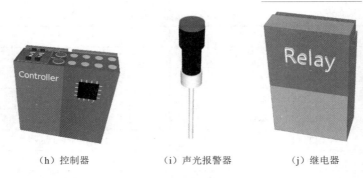

(h）控制器　　　　（i）声光报警器　　　　（j）继电器

图1-3-24　系统内的模块外形图（续）

① 装配温度变送器电路板。
步骤一：将温度变送器电路板套件按照装配图进行焊接、装配。
步骤二：将温度变送器电路板与控制器和声光报警器连接起来。
② 搭建系统。
步骤一：搭建由单端加热棒和铝合金加热盘构成的加热系统。
步骤二：将PT100热电阻和变送器安装到热电阻外壳中，并和反应釜配合工作。
③ 安装控制器及OLED显示模块。
④ 调试系统。
步骤一：将控制器上的项目拨码开关设置为1，活动拨码开关设置为3。
步骤二：设置最高温度和最低温度。
步骤三：运行系统，观察温度变化。
步骤四：将温度传感器连接到变送器，调节电源电压到24V，将变送器连接到电源可调节端（24V），将传感器放入反应釜，加热并观察电流变化，将相关数据填写在表1-3-5中。

表1-3-5　温度测试数据表

加热时间									
电流									

⑤ 注意事项。
（a）注意PT100热电阻的测量范围，使用时不要超过测量范围，以免损坏热电阻。
（b）安装热电阻时，其插入深度应不小于热电阻保护管外径的8倍。
（c）热电阻应尽可能垂直安装，以防在高温下弯曲变形。

想一想

如何控制金属瓶内的温度？

活动总结

本活动以装调温度监控系统为目标，对温度监控系统的作用、组成、结构，以及系统中温度传感器的安装方法和基于温度传感器的系统装调过程进行了介绍。

本活动对温度传感器的组成、结构、工作原理、测量电路及应用进行了详细阐述。温度传感器是利用热电效应将温度的变化转换为电信号的一种传感器。温度传感器按照输出信号的不同,可分为热电偶、热电阻及热释电红外传感器三类。

本活动采用模块搭接的方式模拟工厂内的温度监控系统,涉及温度传感器的测温原理及系统装调过程等内容。

活动测试

一、填空题

1. 热电偶是将温度转换成_____输出的传感器。
2. 热电偶的两个热电极必须是两种_____材料的均质导体。
3. 热电偶两接点温度必须_____,否则热电偶回路的总热电动势为零。
4. 金属热电阻是基于金属导体的_____随温度的升高而增大的特性来测量温度的。
5. 当金属被加热时,电子无规律的热运动能力就增强,导致金属的电阻值_____。
6. 半导体热敏电阻按照温度特性区分,有正温度系数型、负温度系数型和_____、_____三种类型。
7. 正温度系数热敏电阻温度越高时电阻值越_____。
8. 临界温度系数热敏电阻在某一温度下_____。
9. 当某种材料受到红外辐射而温度升高时,在其表面释放出_____,这种现象称为热释电。
10. 热释电红外传感器引入场效应管是为了抑制外部环境对传感器输出信号的干扰,同时起_____作用。

二、选择题

1. 温度传感器按照输出信号的不同,可分为热电偶、热电阻及热释电红外传感器三类,其中属于接触型温度传感器的是(   ),属于非接触型温度传感器的是(   )。
   a. 热电偶、热电阻;热释电红外传感器   b. 热电偶;热电阻、热释电红外传感器
   c. 热释电红外传感器;热电偶、热电阻   d. 热电阻;热电偶、热释电红外传感器
2. (   )的数值越大,热电偶的输出电动势就越大。
   a. 热端温度   b. 热端和冷端的温度
   c. 热端和冷端的温差   d. 热电极的电导率
3. 热电偶直接输出的是(   ),所以直接接(   )即可。
   a. 电阻值   b. 电压值   c. 桥式电路   d. 放大电路
4. 热释电红外传感器中的滤光片可使特定波长的红外辐射(   )通过,而将其他辐射(   )滤掉,以抑制外界的干扰。
   a. 灯光、太阳光及其他辐射   b. 人体发出的红外辐射
5. 热电阻能将温度转换为(   )。
   a. 电阻   b. 热电动势
6. 热敏电阻是利用(   )材料的电阻率随温度的变化而变化的性质制成的。
   a. 金属   b. 半导体   c. 绝缘体

7. 当某种材料受到红外辐射而温度升高时,在其表面释放出一部分电荷,这种现象称为( )。

  a. 电磁效应   b. 应变效应   c. 光电效应   d. 热释电效应

活动四 装调透明工厂湿度检测系统

  湿度是指大气中水蒸气的含量,通常采用绝对湿度和相对湿度两种方法表示。绝对湿度是指单位空间中所含水蒸气的绝对量,相对湿度是指被测气体中水蒸气气压与相同温度下饱和水蒸气气压的百分比。相对湿度是一个无量纲的量,在实际应用中多使用相对湿度这一概念。

  在生产和生活中湿度检测必不可少。例如,在大规模集成电路生产车间,当相对湿度低于30%时,容易产生静电而影响生产;在存放烟草、茶叶和中药材等的仓库,当湿度过大时易发生变质或霉变现象;在农业领域,蔬菜大棚农作物生长、食用菌培养与输出、水果及蔬菜保鲜等都离不开湿度检测和控制。

  湿度检测通常还伴随着温度检测。例如,某工厂车间湿度检测系统主要由湿度传感器、温度传感器、除湿机、加湿器、通信网络等组成,如图1-4-1所示。

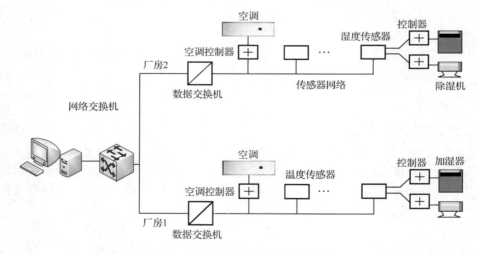

图1-4-1 某工厂车间湿度检测系统

  湿度传感器和温度传感器检测车间内的湿度和温度,将检测到的信息通过数据交换机送至控制系统,以控制加湿器或除湿机工作,从而确保湿度和温度在预定的范围内。

  车间内的湿度检测一般采用防水性比较好的电阻式湿度传感器,如图1-4-2所示。电阻式湿度传感器主要由感湿膜、电极和具有一定机械强度的基片等组成。

一、认知湿度传感器

  将湿度变化转换成电信号的传感器称为湿度传感器。湿度传感器种类很多,按照传感器结构的不同,可分为电阻式湿度传感器和电容式湿度传感器,其工作原理框图如图1-4-3所示。

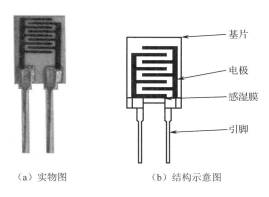

（a）实物图　　　（b）结构示意图

图 1-4-2　电阻式湿度传感器

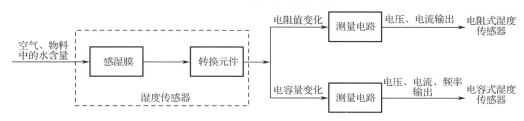

图 1-4-3　湿度传感器工作原理框图

与其他物理量相比，湿度较难测量，因为液态水会使一些湿度检测所用的高分子材料和电解质材料溶解，部分水分子电离后与溶入水中或者空气中的杂质结合成酸或碱，使湿敏材料不同程度地受到腐蚀和老化，降低检测灵敏度，缩短寿命，所以通常要求湿度传感器具有在各种气体环境下稳定性好、响应时间短、耐污染和受温度影响小等优点。

湿度传感器是非密封性的，为保证测量的准确度和稳定性，应尽量避免在酸性、碱性及含有机溶剂的空气中使用，也应避免在粉尘较大的环境中使用。

目前，比较常用的湿度传感器是亲水型湿度传感器，亲水型湿度传感器分为电阻式湿度传感器、电容式湿度传感器两种。这两种湿度传感器的比较见表 1-4-1。

表 1-4-1　两种湿度传感器的比较

名　称	电阻式湿度传感器	电容式湿度传感器
结构	（感湿膜、柱状、电极、梳状、引线）	（高分子薄膜、上部电极、下部电极、玻璃基片）
工作原理	湿度引起电阻值的变化	湿度引起电容量的变化
类型	金属氧化物湿敏电阻、硅湿敏电阻和陶瓷湿敏电阻等	电容式湿度传感器一般是用高分子薄膜电容制成的，常用的高分子材料有聚苯乙烯、聚酰亚胺等

续表

名称	电阻式湿度传感器	电容式湿度传感器
性能特点	响应速度快，体积小，线性度好，较稳定，灵敏度高，产品互换性差	响应速度快，产品互换性好，灵敏度高，便于制造，容易实现小型化和集成化，精度较电阻式湿度传感器低
使用场合	用于洗衣机、空调、录像机、微波炉等家用电器及工业、农业等方面的湿度检测、湿度控制	用于气象、航天航空、国防工程、电子、纺织、烟草、粮食、医疗卫生、生物工程等领域的湿度测量和控制

1. 湿度传感器的工作原理

（1）电阻式湿度传感器的工作原理

电阻式湿度传感器又称湿敏电阻。电阻式湿度传感器由感湿膜、电极和具有一定机械强度的基片等组成，如图1-4-4所示。在基片上覆盖一层用感湿材料制成的膜，当空气中的水蒸气吸附在感湿膜上时，基片的电阻率会发生变化，从而导致其电阻值发生变化，根据电阻值的变化，便可测得湿度。

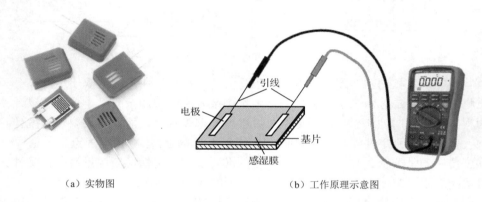

（a）实物图　　　　　　　　　　（b）工作原理示意图

图1-4-4　电阻式湿度传感器

（2）电容式湿度传感器的工作原理

在电容平行板上电极、下电极之间加入一层感湿膜，便构成了电容式湿度传感器，电极采用铝、金、铬等金属制成，而感湿膜是用高分子薄膜电容制成的，常用的高分子聚合物材料有聚苯乙烯、聚酰亚胺等。

如图1-4-5所示是由高分子聚合物材料制成的电容式湿度传感器。在单晶硅基底上面覆盖一层SiO_2绝缘膜，下面镀一层铝，构成电容的一个电极；绝缘膜的上面分别覆盖一层高分子感湿膜和多孔金材料，多孔金材料和镀在它上部的铝材料构成电容的另一个电极。空气中的水分子透过多孔金电极被感湿膜吸附，使得两电极间的介电常数发生变化，导致其电容量也发生变化，环境湿度越大，感湿膜吸附的水分子就越多，湿度传感器的电容量增加得越多，根据电容量的变化就可测得空气的相对湿度。

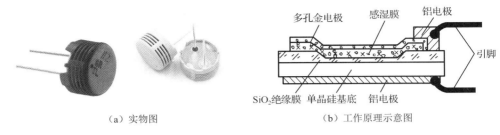

（a）实物图　　　　　　　　　　　　　　（b）工作原理示意图

图 1-4-5　电容式湿度传感器

 想一想

简述电阻式湿度传感器、电容式湿度传感器的组成及工作原理。

2．湿度传感器的测量电路

（1）电阻式湿度传感器的测量电路

电阻式湿度传感器中使用最多的是氯化锂（LiCl）湿度传感器。需要注意的是，氯化锂湿度传感器在实际应用中一定要使用交流电桥测量其阻值，不允许用直流电源，以防氯化锂溶液发生电解，导致传感器性能劣化甚至失效。

电阻式湿度传感器测量电路原理框图如图 1-4-6 所示。由振荡电路为整个电路提供稳定的交流电源，湿度传感器作为电桥的一个臂。当湿度不变化时，电桥输出电压为零，一旦湿度发生变化，将引起湿度传感器电阻值发生变化，使电桥失去平衡，输出端有电压信号输出。电压信号经过放大器放大后，送入整流电路，通过整流电路转换为直流信号，由毫安表显示出湿度。

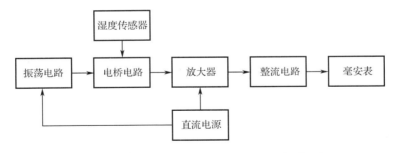

图 1-4-6　电阻式湿度传感器测量电路原理框图

图 1-4-7 为电阻式湿度传感器的实际应用电路，左边的振荡电路为整个电路提供稳定的交流电源。在中间的电桥电路中，当湿度不变化时，电桥无输出信号；当湿度发生变化时，湿度传感器电阻值就相应发生变化，使原本平衡的电桥失衡，输出端开始有电压信号输出。输出的电压信号经过放大器放大后，送入由二极管组成的桥式整流电路中转换为直流信号，最后由右侧的毫安表显示出对应测量的湿度值。

（2）电容式湿度传感器的测量电路

由于电容式湿度传感器测出的湿度与电容量呈线性关系，因此它能方便地将湿度的变化转换为电压、电流或频率信号输出。

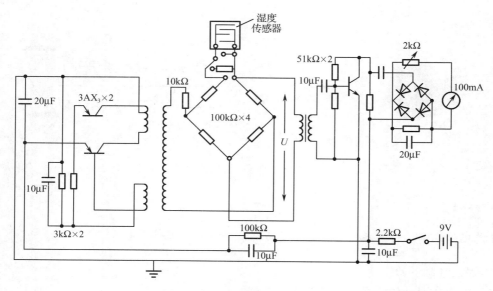

图 1-4-7　电阻式湿度传感器的实际应用电路

将电容式湿度传感器作为振荡电路中的一个电容，湿度的变化使得湿度传感器电容量发生变化，造成振荡电路振荡频率随之变化，测量振荡电路的振荡频率和幅度，经过换算便可得到湿度值，如图 1-4-8 所示。

图 1-4-8　电容式湿度传感器测量电路原理框图

电容式湿度传感器的实际应用电路如图 1-4-9 所示。IC1 和 IC2 为 556 内部相互独立的 555 多谐振荡器，IC1 及外围元件主要产生触发 IC2 的脉冲，IC2 和电容式湿度传感器及外围元件组成可调宽的脉冲发生器，其脉冲宽度取决于湿度传感器电容量的大小，而湿度传感器电容量的大小又取决于空气的相对湿度，调宽脉冲从 IC2 的 9 脚输出，经 R_5、C_3 滤波后成为直流信号输出。输出电压的大小正比于空气的相对湿度。

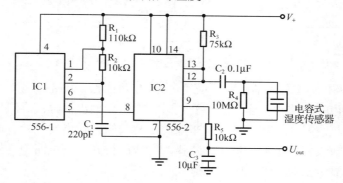

图 1-4-9　电容式湿度传感器的实际应用电路

3. 湿度传感器的应用
(1) 土壤水分传感器

土壤水分传感器用来监测土壤水分,以防因土壤水分过高而造成农作物烂根,或者因土壤水分过低使植物干枯而死。土壤水分传感器实物图如图1-4-10(a)所示,采用土壤水分传感器的农作物自动灌溉系统如图1-4-10(b)所示。将土壤水分传感器埋在农作物根部,土壤作为电极间的导电介质,若土壤含水量低,那么它的导电性差,电阻值高;若土壤的含水量高,那么它的电阻值就低,通过测量土壤电阻值的变化,就可以检测出土壤的含水量。若检测出土壤的含水量低,就将传感器信号送至云端服务器,再通过控制柜中的控制电路打开电磁阀,浇灌土壤,当达到一定含水量时,切断电磁阀,停止灌溉。计算机、手机等设备可以实时收到土壤水分信息,用户可依据土壤水分信息,远程启动或停止灌溉。用户还可以通过视频监控系统监控灌溉情况。这样可以按照作物生长需求进行全生育期需求设计,把水分定量、定时直接提供给作物,达到降低人力成本、节约水资源、提高自动化生产效率的目的。

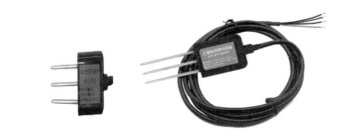

(a) 土壤水分传感器实物图

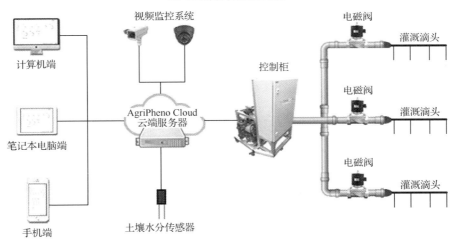

(b) 采用土壤水分传感器的农作物自动灌溉系统

图1-4-10 土壤水分传感器及其应用

(2) 纺织车间温湿度自动控制系统

纺织车间的温湿度对纺织生产影响很大,这是因为温湿度与纤维的性能之间有着密切联系,而在纺织机械处理纤维时,各道工序对纤维性能又有不同的要求。纺织车间温湿度智能化和自动化控制是保证纺织生产均衡稳定的重要措施,也是纺织企业节能降耗和推行精细化管理的内在要求,对于产品质量有着很大的影响。

纺织车间温湿度自动控制系统主要由时间控制器、温湿度控制电路、执行电路、水泵和风机等组成，如图 1-4-11 所示。

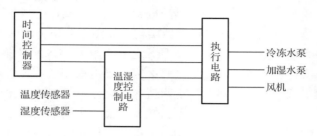

图 1-4-11　纺织车间温湿度自动控制系统

温湿度传感器一般吊装在车间内气流相对稳定且不易碰撞到的地方，用于检测车间内实时温湿度。温湿度控制电路根据设定的温湿度值来控制执行电路，最终控制水泵和风机的运行和关闭时间，以达到自动调节温湿度的目的。时间控制电路的作用是向温湿度控制电路提供间歇脉冲，使水泵或风机处于间歇式工作状态，避免长时间无效工作造成能源浪费。

（3）智慧大棚湿度智能数据采集控制系统

智慧大棚对棚内空气的湿度有着严格要求，湿度过高易使农作物产生病虫害，而湿度过低则影响农作物生长，因此要做好大棚内的湿度控制。智慧大棚湿度智能数据采集控制系统如图 1-4-12 所示。在该系统中，湿度传感器负责采集和记录各测试点的湿度，并将所有采集到的数据送至 ZigBee 节点，然后通过网络传输到数据平台，在数据终端显示。

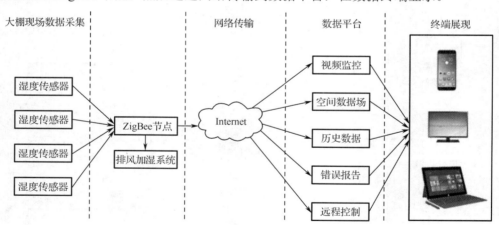

图 1-4-12　智慧大棚湿度智能数据采集控制系统

（4）汽车后窗玻璃自动除雾装置

汽车后窗玻璃自动除雾装置如图 1-4-13 所示。在图 1-4-13（a）中，后窗玻璃上安装了弯曲的加热丝；在图 1-4-13（c）中，RH 为设置在后窗玻璃上的湿度传感器。在常温常湿条件下，RH 阻值较大，VT_1 基极电压高，VT_1 处于导通状态，导致 VT_2 基极电压低，使 VT_2 不导通，处于截止状态，继电器 K 上无电流通过，K_1 断开，加热丝 RL 上无电流通过；当汽车内外温差较大，且湿度过高时，湿度传感器 RH 的阻值变小，VT_1 截止，VT_2 基极电压升高，处于导通状态，继电器 K 上通有电流，K_1 闭合，指示灯 LH 点亮，加热丝 RL 开始加热，随着温度升高，后窗玻璃上的雾气消失；当湿度降低到一定程度时，VT_1 和 VT_2 恢复成初始状态，指示灯熄灭，加热丝 RL 断电，停止加热，从而实现自动除雾的目的。

（a）汽车后窗玻璃上的加热丝

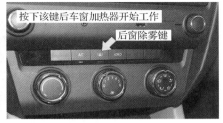
（b）汽车驾驶室内的后窗除雾键

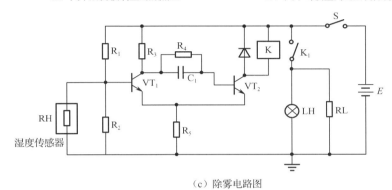
（c）除雾电路图

图 1-4-13　汽车后窗玻璃自动除雾装置

二、装调湿度检测系统

湿度和温度都是工厂（特别是化工类企业）关注的主要指标之一，湿度的变化可能直接影响到产品的质量，湿度检测的方法很多，常采用电容式湿度传感器，本活动中采用的 HS1100 湿度传感器是一款电容式湿度传感器，用于测量空气湿度，其电容量随所测空气湿度的增大而增大，在 0%～100%RH 的相对湿度范围内，电容量由 160pF 变化到 200pF。

湿度检测系统的组成如图 1-4-14 所示。使用加热棒加热金属物料盒中的水，使用电容式湿度传感器测量物料盒附近的空气湿度。

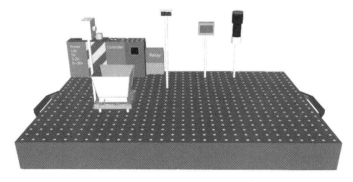

（a）鸟瞰图

图 1-4-14　湿度检测系统的组成

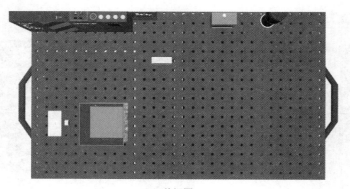

（b）俯视图

图 1-4-14　湿度检测系统的组成（续）

1. 系统工作原理

湿度传感器应用电路如图 1-4-15 所示。HS1100 湿度传感器电容量的变化直接影响多谐振荡器的振荡频率，湿度与频率的关系见表 1-4-2。

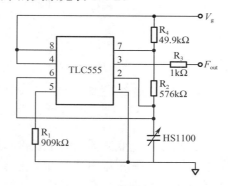

图 1-4-15　湿度传感器应用电路

表 1-4-2　湿度与频率的关系

RH（%）	0	10	20	30	40	50	60	70	80	90	100
频率（Hz）	7351	7224	7100	6976	6853	6728	6600	6468	6330	6186	6033

2. 装调过程

（1）检测元器件

湿度检测系统元器件清单见表 1-4-3。准备好所有元器件后，测试元器件性能是否正常。

表 1-4-3　元器件清单

序号	名　　称	型号/规格	数　量
1	电容式湿度传感器	HS1100	1
2	湿度检测电路板套件	—	1
3	3 位 LED 显示模块	—	1
4	声光报警器	22sm/12V	1
5	控制器	ATMEGA2560	1

续表

序 号	名 称	型号/规格	数 量
6	单端加热棒	—	1
7	铝合金加热盘	—	1
8	金属物料盒	—	1
9	电源	12V/5V/30W	1
10	万用表	—	1
11	示波器	—	1
12	导线	—	若干

电容式湿度传感器的电容量可用万用表的电容挡进行测量，电容量范围为160～200pF。

（2）装调系统

系统内的模块外形图如图1-4-16所示。

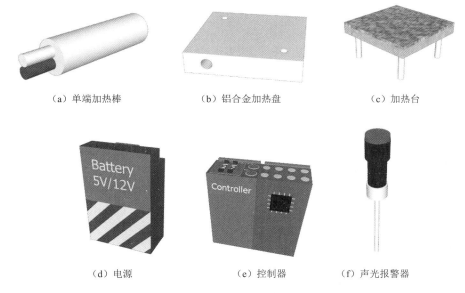

（a）单端加热棒　　　（b）铝合金加热盘　　　（c）加热台

（d）电源　　　（e）控制器　　　（f）声光报警器

图1-4-16　系统内的模块外形图

① 装配湿度检测电路板。

步骤一：将湿度检测电路板套件按照装配图进行焊接、装配。

步骤二：将湿度检测电路板与控制器和声光报警器连接起来。

② 搭建系统。

步骤一：安装加热盘。

步骤二：安装控制器和LED显示模块。

③ 调试系统。

步骤一：将控制器上的项目拨码开关设置为1，活动拨码开关设置为4。

步骤二：将电容式湿度传感器连接到555频率发生器上，接入5V/12V电源，在示波器上观测不同湿度条件下的频率变化。

步骤三：启动系统，并设置报警湿度。
步骤四：往金属物料盒中加水，开始加热，观察湿度变化。
④ 注意事项。
不要将湿度传感器直接放入水中，以防因短路损坏传感器。

想一想

如何合理设置报警湿度？

活动总结

本活动以装调湿度检测系统为目标，对湿度检测系统的作用、组成、结构，以及系统中湿度传感器的安装方法和基于湿度传感器的系统装调过程进行了介绍。

本活动对湿度传感器的组成、结构、工作原理、测量电路及应用进行了详细介绍。湿度传感器按照结构的不同，可分为电阻式湿度传感器和电容式湿度传感器。

与其他物理量相比，湿度较难测量，因为液态水会使一些湿度检测所用的高分子材料和电解质材料溶解。

本活动采用模块搭接的方式模拟工厂内的湿度检测系统，涉及湿度传感器的工作原理及系统装调过程等。

活动测试

一、填空题

1．湿度是指大气中_____的含量，通常采用_____和_____两种方法表示。

2．湿度传感器是基于某些材料_____，将湿度的变化转换成_____的器件。

3．电阻式湿度传感器又称湿敏电阻，由_____、_____和具有一定机械强度的_____组成。

4．在基片上覆盖一层用感湿材料制成的膜，当空气中的水蒸气吸附在感湿膜上时，使基片的_____发生变化，从而导致其电阻值发生变化。

5．在电容平行板上电极、下电极之间加入一层_____，便构成了电容式湿度传感器，电极采用铝、金、铬等金属制成，而感湿膜是用_____制成的。

6．湿度传感器的种类很多，在实际应用中主要有_____和_____两大类。在湿度传感器的基片上覆盖一层_____，当空气中的水蒸气吸附在感湿膜上时，基片的_____和_____发生变化，利用这一特性即可测量湿度。

7．当空气湿度发生改变时，电容式湿度传感器的两个电极间的_____发生变化，使得它的_____也发生变化，_____与相对湿度成正比。

8．湿度传感器工作电源需要采用_____电源，其原因是_____。

二、选择题

1. （　　）是指被测气体中水蒸气气压与相同温度下饱和水蒸气气压的百分比。
   a. 相对湿度　　　　b. 绝对湿度　　　　c. 饱和湿度　　　　d. 湿度指数
2. 电容式传感器不能测量（　　）
   a. 液位　　　　　　b. 湿度　　　　　　c. 温度　　　　　　d. 纸张厚度
3. 湿度传感器是将环境湿度转化为电信号的装置，湿度传感器的感湿特征量为（　　）。
   a. 电阻、电容、频率　　　　　　　　　b. 电荷、电容
   c. 电阻、电荷、频率　　　　　　　　　d. 电流、电压
4. 氯化锂湿度传感器在实际应用中一定要使用（　　）测量其阻值，不允许用（　　），以防氯化锂溶液发生电解，导致传感器性能劣化甚至失效。
   a. 交流电源，直流电桥
   b. 直流电桥，交流电源
   c. 交流电桥，直流电源
   d. 直流电源，交流电桥
5. 电阻式湿度传感器是在基片上覆盖一层用感湿材料制成的膜，当空气中的水蒸气吸附在感湿膜上时，使基片的（　　）发生变化，从而导致其电阻值发生变化，根据电阻值的变化，便可测得湿度。
   a. 电阻　　　　　　b. 电阻率　　　　　c. 电容　　　　　　d. 电压
6. 当空气湿度发生改变时，电容式湿度传感器两个电极间的（　　）发生变化，使其（　　）也发生变化。
   a. 介电常数　　　　b. 电容量　　　　　c. 电阻值
7. 洗手后，将湿手靠近自动干手机，机内的传感器便驱动电热器加热，有热空气从机内喷出，将湿手烘干，手靠近自动干手机能使传感器工作，是因为（　　）。
   a. 改变了湿度　　　b. 改变了温度　　　c. 改变了磁场　　　d. 改变了电容
8. 相对湿度是指空气中的（　　）。
   a. 水蒸气含量　　　b. 气体成分
9. 电容式湿度传感器只能测量（　　）湿度。
   a. 相对　　　　　　b. 绝对　　　　　　c. 任意　　　　　　d. 水分

环节三　分析计划

本环节将对任务进行认真分析，形成简易计划书，主要包括鱼骨图、"人料机法环"一览表及相关附件。

1. 鱼骨图

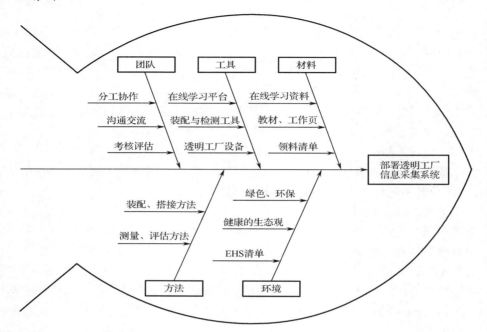

2. "人料机法环"一览表

人　员	
教师发布如下任务： ● 搭建透明工厂信息采集系统 ● 运行透明工厂信息采集系统 以小组为单位完成任务，角色分配和任务分工与完成追踪表见附件1	
材　料	仪器/工具
● 讲义、工作页 ● 在线学习资料 ● 材料图板 ● 领料清单（看板教学的卡片，具体见附件2）	● 依据在信息收集环节中学习到的知识，准备需要的工具和机器装备 ● 在线学习平台 ● 工具清单（看板教学的卡片，具体见附件3）
方　法	环境/安全
● 依据在信息收集环节中学习到的技能，参考控制要求选择合理的调试流程 ● 制定1～3种方法，流程图具体见附件4	● 绿色、环保的社会责任 ● 可持续发展的理念 ● 健康的生态观 ● EHS清单（看板教学的卡片）

附件1：角色分配和任务分工与完成追踪表。

序　号	任务内容	参加人员	开始时间	完成时间	完成情况

续表

序 号	任务内容	参加人员	开始时间	完成时间	完成情况

附件2：领料清单。

序 号	名 称	单 位	数 量

附件3：工具清单。

序 号	名 称	单 位	数 量

附件4：流程图。

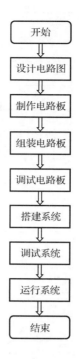

环节四　任务实施

任务实施前，应参考分析计划环节的内容，全面核查人员分工、材料、工具是否到位，确认系统调试流程和方法，熟悉操作要领。

任务实施过程中，应认真记录任务完成情况，严格落实 EHS 的各项规程，填写下面的 EHS 落实追踪表。

EHS 落实追踪表			
	通用要素摘要	本次任务要求	落实评价
环境	评估任务对环境的影响		
	减少排放与有害材料		
	确保环保		
	5S 达标		
健康	配备个人劳保用具		
	分析工业卫生和职业危害		
	优化人机工程		
	了解简易急救方法		

续表

安全	安全教育		
	危险分析与对策		
	危险品注意事项		
	防火、逃生意识		

任务结束后，应严格按照 5S 要求进行收尾工作。

环节五　检验评估

1. 任务检验

对任务成果进行检验，完成下面的检验报告。

序　号	检验（测试）项目	记　录　数　据	是　否　合　格
			合格（　）/不合格（　）
			合格（　）/不合格（　）
			合格（　）/不合格（　）
			合格（　）/不合格（　）
			合格（　）/不合格（　）
			合格（　）/不合格（　）
			合格（　）/不合格（　）
			合格（　）/不合格（　）
			合格（　）/不合格（　）
			合格（　）/不合格（　）

2. 教学评价

利用评价系统完成教学评价。

任务二

部署小区智能安防信息采集系统

活动：

通过部署小区智能安防信息采集系统，掌握电容式传感器、霍尔传感器和光电传感器的功能和应用。

环节一 情境描述

为优化小区环境，保护小区居民居家安全，打击刑事犯罪，很多小区都设置了智能安防系统。小区智能安防系统主要包括视频监控系统、周界防范报警系统、门禁系统、通信系统、辅助照明系统、消防系统及巡更系统等。图 2-0-1 为某小区的智能安防系统。

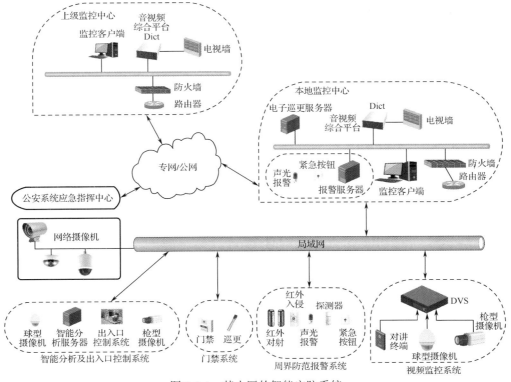

图 2-0-1 某小区的智能安防系统

任务思维导图

本任务思维导图如图 2-0-2 所示。

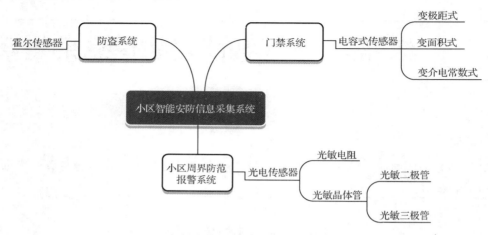

图 2-0-2　小区智能安防信息采集系统思维导图

环节二　信息收集

活动一　装调小区智能安防门禁系统

人的指纹具有唯一性和稳定性，因此很多场合都采用指纹门禁系统进行安全防护。

指纹门禁系统如图 2-1-1 所示。该系统由指纹识别传感器、指纹识别模块、微处理器、液晶显示模块、密码键盘、电磁锁等组成。指纹识别传感器用于采集指纹并将其转换为数字图像。指纹识别模块用于实现指纹图像的比对、存储、删除等功能。液晶显示模块用于显示开门记录、实时时钟和操作提示等信息，它和密码键盘一起组成人机对话界面。微处理器用于控制整个系统。指纹识别模块如图 2-1-2 所示。指纹门禁系统中最关键的部分是指纹识别传感器，通常采用的是电容式传感器。

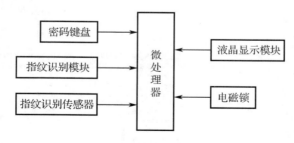

图 2-1-1　指纹门禁系统

任务二　部署小区智能安防信息采集系统

图 2-1-2　指纹识别模块

指纹识别传感器如图 2-1-3 所示。绝缘板与半导体作为两个极板构成一组平滑电容器。当人将手指放在指纹识别传感器上时，传感器与手指也构成一组电容器。由于手指上的嵴纹和峪纹构成的电容器与平滑电容器之间的电容差不同，据此便可实现指纹识别。

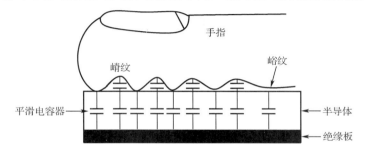

图 2-1-3　指纹识别传感器

一、认知电容式传感器

1. 电容式传感器的工作原理

电容式传感器是一种将被测物理量转换为电容量变化的传感器，其组成框图如图 2-1-4 所示。当位移、厚度、力等物理量导致传感器的电容量发生变化时，由测量电路将该变化量转换为电压、电流或频率信号输出，即可完成对被测物理量的测量。

电容式传感器可用来测量声强、液位、振动、压力、厚度等参数，特别是可测量微米级的微位移。随着制造技术的发展和测量电路的改进，其应用会更加广泛。

图 2-1-4　电容式传感器组成框图

如图 2-1-5 所示为各类电容式传感器的实物图。

(a)电容式压力变送器

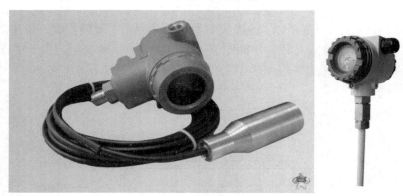

(b)电容式液位计

(c)电容式接近开关

图 2-1-5 电容式传感器实物图

2. 电容式传感器的分类

根据结构的不同,电容式传感器可分为两种类型:平行板型电容式传感器和柱形电容式传感器。

(1)平行板型电容式传感器

两平行极板可构成一个平行板电容器,如图 2-1-6 所示。当忽略电容器边缘效应时,其电容量为

$$C = \frac{\varepsilon S}{d}$$

式中，d 为两平行极板间的距离，S 为两平行极板所覆盖的面积，ε 为两平行极板间介质的介电常数。

根据公式可以得知，电容量由距离 d、面积 S 和介电常数 ε 决定，如果保持其中两个参数不变，而仅改变另一个参数，就可以使电容量发生改变。因此，平行板型电容式传感器可分为变极距式、变面积式和变介电常数式三类。

① 变极距式电容传感器。

图 2-1-7 为变极距式电容传感器结构图。变极距式电容传感器是改变极板间距离的电容式传感器，测量精度较低，一般用来测量微米级的线位移。其中：图 2-1-7（a）为普通型，图 2-1-7（b）为差动型。

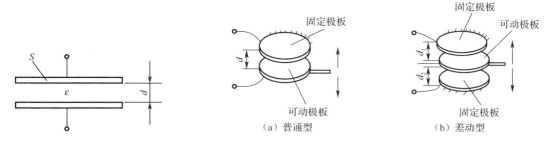

图 2-1-6　平行板电容器　　　　　图 2-1-7　变极距式电容传感器结构图

② 变面积式电容传感器。

图 2-1-8 为变面积式电容传感器结构图。变面积式电容传感器是改变极板覆盖面积的电容式传感器，测量精度较低，一般用于测量角位移及厘米级的线位移。

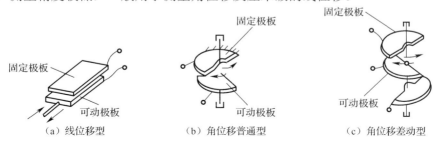

图 2-1-8　变面积式电容传感器结构图

③ 变介电常数式电容传感器。

图 2-1-9 为变介电常数式电容传感器结构图。变介电常数式电容传感器是改变导电介质介电常数的电容式传感器，常用于测量固体或液体的料位或液位、片状材料的厚度，以及温度、密度、湿度等。

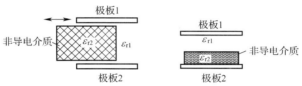

图 2-1-9　变介电常数式电容传感器结构图

（2）柱形电容式传感器

柱形电容器如图 2-1-10 所示。柱形电容器由两个绝缘的同轴圆柱极板（内电极和外电极）组成，L 为两圆柱极板重合部分的长度，D 为外圆柱极板的直径，d 为内圆柱极板的直径，在两圆柱极板之间充以介电常数为 ε 的导电介质时，电容器的电容量为

$$C = \frac{2\pi\varepsilon L}{\ln\frac{D}{d}}$$

图 2-1-11 为柱形线位移式电容传感器结构示意图，两个极板直径不发生变化，极板间的介电常数不变，仅移动其中一个极板，就构成了变面积式电容传感器。

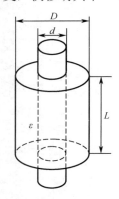

图 2-1-10　柱形电容器

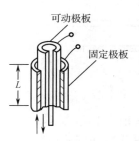

图 2-1-11　柱形线位移式电容传感器结构示意图

柱形电容式传感器使用方便，具有结构简单、灵敏度高、价格便宜等特点。在实际应用中，柱形电容式传感器多用来测量液位或料位，如图 2-1-12 所示。

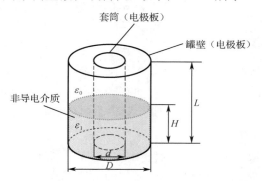

图 2-1-12　用柱形电容式传感器测量液位示意图

在金属罐中装入非导电介质，金属罐高度为 L，液位高度为 H，液位上方空气的介电常数为 ε_0，液体的介电常数为 ε_1，中间插入一个金属套筒，金属罐壁作为电容器的一个电极，套筒作为电容器的另一个电极，那么两电极间的电容 C 为

$$C = \frac{2\pi\varepsilon_0 L}{\ln\frac{D}{d}} + \frac{2\pi(\varepsilon_1 - \varepsilon_0)H}{\ln\frac{D}{d}}$$

金属罐中液位变化，则两电极间电介质发生变化，但由于金属罐和金属套筒的尺寸和位

置都不会发生变化，故上式中的 D、d 和 L 都不变，而罐中的介电常数 ε_0 和 ε_1 也不会发生变化。两电极间电容 C 与液位高度成正比例变化，当液位升高时，两极间电容 C 增大。反之，当液位下降时，电容 C 减小。所以，可通过两级间电容来测量液位。

上述原理也可用于导电介质液位的测量。这时，需要对里面的套筒进行绝缘处理，以保证传感器极板与被测介质绝缘。

3. 电容式传感器的测量电路

电容式传感器中的电容量及电容变化量都十分微小，不能直接在仪表上显示，因此必须通过测量电路将电容变化量转换成电压、电流或频率信号。常见的测量电路有桥式电路、调频电路等。

（1）桥式电路

将电容式传感器接入交流电桥作为电桥的一个臂或两个相邻臂，另外两臂可以是固定电阻、电容或电感，也可以是变压器的两个次级线圈，如图 2-1-13 所示。图中，C 为电容式传感器，Z' 为等效匹配阻抗，C_0、Z 为固定电容和固定阻抗。接有电容式传感器的交流电桥输出阻抗很高，输出电压幅值又小，所以必须先接高输入阻抗放大器将信号放大后才能测量。为了分辨电容式传感器的位移方向，交流放大器之后需要有相敏检波电路。

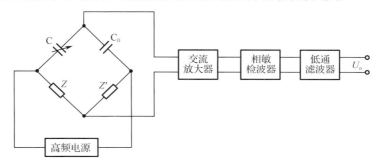

图 2-1-13 桥式电路

（2）调频电路

调频电路原理框图如图 2-1-14 所示。将电容式传感器作为 LC 振荡器的一部分。当被测量引起电容量变化时，振荡器的振荡频率产生变化，振荡器输出一个受电容量控制的调频信号，调频信号经限幅放大器放大后，通过鉴频器把频率的变化转换为电压幅值的变化，再通过放大电路放大后就可以通过仪表显示出来。由于振荡器的频率受电容量调制，故该电路称为调频电路。

图 2-1-14 调频电路原理框图

在图 2-1-14 中，LC 振荡器的频率由下式决定：

$$f = \frac{1}{2\pi\sqrt{LC}}$$

式中，L 为振荡器的电感；C 为振荡回路的总电容，包括传感器电容、谐振回路中的微调电容及传感器的电缆分布电容。

调频电路的抗干扰能力强，可远距离传输且不受干扰；具有较高的灵敏度，可以测量小至 0.01μm 的位移变化量。其缺点是线性度较差，可通过鉴频器转化为电压信号后进行补偿。

想一想

在调频电路中，振荡器频率变化受什么因素影响？

4. 电容式传感器的应用

（1）测厚仪

测厚仪用于金属带材在轧制过程中厚度的检测，如图 2-1-15 所示。在被测金属带材的上、下两侧各放置一块面积相等且与带材距离相等的极板，带材是动极板。这样，极板与带材之间就形成了两个电容器 C_1、C_2。将两块极板用导线连接起来作为一个电极，带材作为另一个电极，则相当于电容器 C_1、C_2 并联，总电容量为这两个电容器的电容量之和。当带材厚度变化时，就会引起极板与带材之间的距离发生变化，使得总电容量发生变化，用交流电桥将

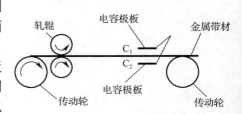

图 2-1-15 测厚仪工作原理示意图

电容的变化量输出为电压，经放大、整流后，显示出带材厚度的变化；同时，将电信号通过反馈电路送到压力调节器中，根据厚度变化，自动调节压制带材的压力，以实现对带材厚度的自动控制，如图 2-1-16 所示。

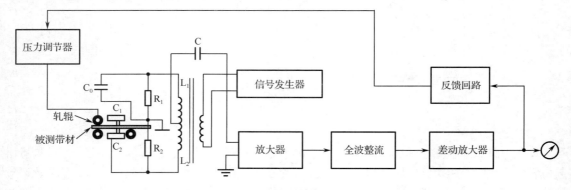

图 2-1-16 带材厚度反馈控制电路框图

（2）差压测试仪

差压测试仪如图 2-1-17 所示，它的核心部分是一个差动变极距式电容传感器。

固定电极为传感器中间凹形玻璃表面上的金属镀层，动电极为中间的金属膜片。金属膜片作为测量压力的敏感元件，位于两个固定电极之间，构成差动式电容传感器。当被测压力 p_1、p_2 从两侧过滤器进入空腔时，金属膜片由于受到两侧压力差的作用而凸向压力小的一侧，从而产生位移，这一位移引起金属膜片和两个固定电极间的电容量发生变化，一个电容量增大，而另一个电容量减小。电容量的变化经过测量电路被转换成相应的电压或电流输出。

（3）电容式接近开关

电容式接近开关的形状及结构随用途的不同而各异，应用最多的是圆柱形电容式接近开关，它主要由检测电极、检测电路、引线及外壳等组成，如图 2-1-18 所示。检测电极设置在

传感器的最前端，检测电路装在外壳内，并用树脂灌封。在传感器的内部还装有调节灵敏度的电位器。当被测物体和检测电极之间有不敏感的物体（如纸袋、玻璃等）时，调节该电位器可使传感器检测夹在中间的物体；此外，还可用此电位器调节工作距离。电路中还装有指示传感器工作状态的工作指示灯，传感器工作时，该指示灯点亮。

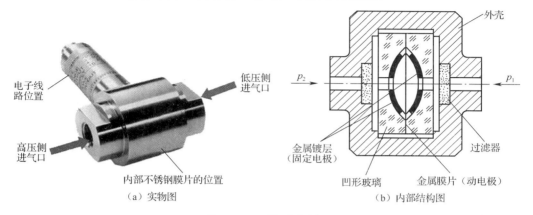

图 2-1-17　差压测试仪

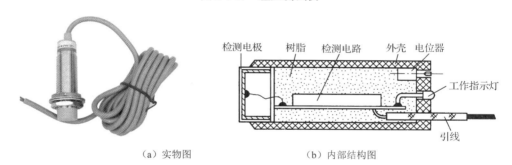

图 2-1-18　圆柱形电容式接近开关

电容式接近开关是一种具有开关量输出的位置传感器，其电路框图如图 2-1-19 所示。开关内部的检测电极构成电容器的一个极板，而另一个极板是被测物体（导体）本身，当被测物体移向接近开关时，被测物体和接近开关之间的介电常数发生变化，使得两个电极之间的电容量发生变化，使得和检测电极相连的电路状态也随之发生变化，由此便可控制开关的接通和关断。这种接近开关可检测的物体并不限于金属导体，也可以是绝缘的液体或粉状物体。

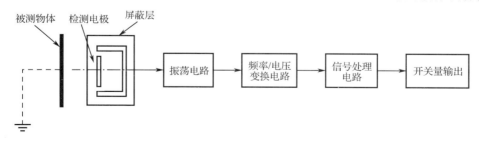

图 2-1-19　电容式接近开关电路框图

（4）电容式液位计

电容式液位计如图 2-1-20 所示，在容器内插入电极，当液体的高度发生变化时，电极内部电介质改变，电极间（或电极与容器壁之间）的电容量也随之变化，将这种变化转换成标准电流信号，传递给现场指示器指示出液位的实际高度，这种液位计可实现液位连续测量。

当被测液位高度小于 2m 时，采用螺纹式、法兰式或旁通管式液位计；超过 2m 时，采用缆式液位计。当被测介质为水时，采用带绝缘层（可用聚乙烯）的电极。

（a）螺纹式液位计及其安装方式

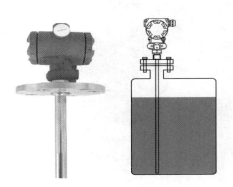

（b）法兰式液位计及其安装方式

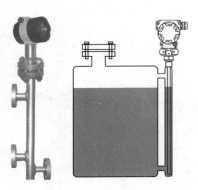

（c）旁通管式液位计及其安装方式

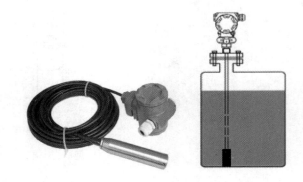

（d）缆式液位计及其安装方式

图 2-1-20　电容式液位计

电容式液位计可采用两线制供电，输出 4～20mA 电流信号；或者采用三线制供电，输出电压信号，如图 2-1-21 所示。

二、装调门禁系统

本活动采用指纹识别传感器模拟门禁系统，通过采集、识别指纹来控制电磁锁的开关，从而实现指纹开锁的功能。门禁系统的构成如图 2-1-22 所示。

1. 系统工作原理

操作者先录入一个手指的指纹，经特征提取后存入模板中，然后将这个手指或其他手指分别放在指纹识别传感器上进行指纹识别，如果被测指纹与模板中的指纹匹配，则弹性门自动打开，否则弹性门不会打开。指纹识别过程如图 2-1-23 所示。

任务二　部署小区智能安防信息采集系统

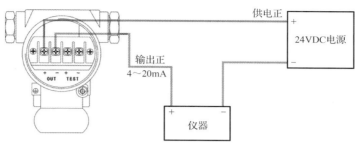

（a）二线制电流接线方式

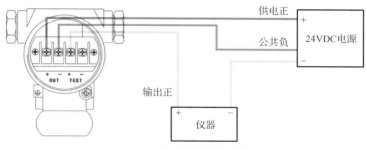

（b）三线制电压接线方式

图 2-1-21　输出接线方式

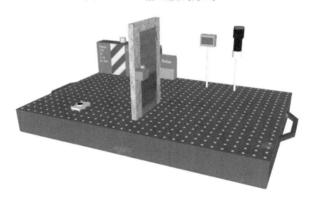

（a）鸟瞰图

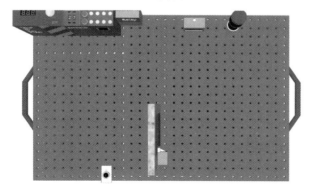

（b）俯视图

图 2-1-22　门禁系统的构成

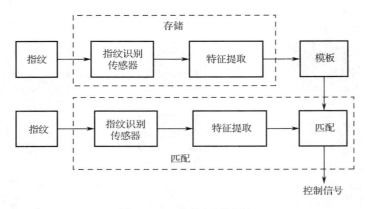

图 2-1-23　指纹识别过程

指纹识别传感器采用电容阵列模式识别指纹,该阵列由 300 行×300 列的二维金属电极组成。每一列有两个采样保持电路,每次捕获一行指纹图像数据。所有金属电极充当一个电容板,接触的手指充当另一个电容板,器件表面的钝化层作为两板的绝缘层。当手指触摸传感器表面时,高低不平的指纹就会在传感阵列上产生变化的电容,从而引起二维阵列上电压的变化,并形成指纹传感图像。接口为 TTL 串行通信模式,指纹识别传感器内部框图如图 2-1-24 所示。

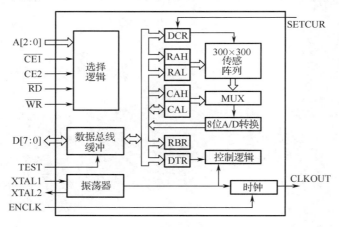

图 2-1-24　指纹识别传感器内部框图

传感器内部有 6 个寄存器,可用来设置图像数据捕获的位置。其中,DCR 是设备控制寄存器,RAH 是行地址高位,RAL 是行地址低位,CAH 是列地址高位,CAL 是列地址低位,RBR 为接收缓冲寄存器,DTR 为串行通信口。A[2:0]为模拟输入信号入口,D[7:0]为数字输入信号入口。另外,振荡器用于提供时钟信号,XTAL1 和 XTAL2 为振荡输入端;采样保持及 A/D 转换电路用于对传感阵列所产生的电压进行采样,并转换为数字信号。

传感器中还有功能寄存器、地址索引寄存器与数据寄存器等,功能寄存器用于对传感器进行操作控制,地址索引寄存器与数据寄存器分别用于对功能寄存器的地址选择及数据的读写。

2. 装调过程

(1) 检测元器件

门禁系统元器件清单见表 2-1-1。将表中元器件准备好后,测试电磁锁性能是否正常。

表 2-1-1　门禁系统元器件清单

名　　称	型号/规格	数　　量
电容式指纹识别传感器	HK103/圆形/七色呼吸灯	1
OLED 显示模块	SSD1306/12864/0.96 英寸	1
声光报警器	22sm/12V	1
控制器	ATMEGA2560	1
继电器	松乐 SRD/12V	1
弹性门	—	1
微型电磁锁	HD2728-0.4	1
电源	12V/5V/30W	1
万用表	—	1
导线	—	若干

电磁锁本质上是一个线圈，线圈通电后便产生磁场将锁头吸回，完成门的开启，因此使用万用表可以检测电磁锁是否断开，如果断开，则表示该锁已坏。

（2）装调系统

门禁系统模块外形图如图 2-1-25 所示。

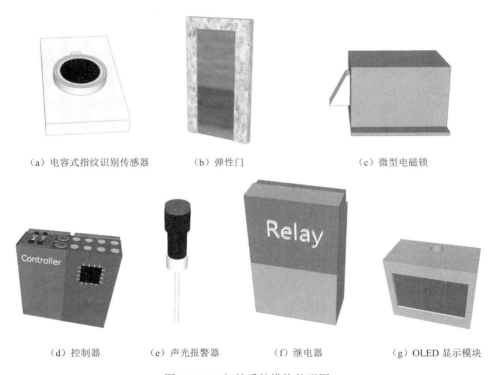

(a) 电容式指纹识别传感器　　(b) 弹性门　　(c) 微型电磁锁

(d) 控制器　　(e) 声光报警器　　(f) 继电器　　(g) OLED 显示模块

图 2-1-25　门禁系统模块外形图

① 搭建系统。

步骤一：安装门框及弹性门。

步骤二：安装电磁锁。
步骤三：安装控制器、OLED 显示模块和声光报警器。
步骤四：安装电容式指纹识别传感器。
步骤五：将继电器和电容式指纹识别传感器连接到控制器。
步骤六：将电磁锁连接到继电器。
② 调试系统。
步骤一：将控制器上的项目拨码开关设置为 2，活动拨码开关设置为 1。
步骤二：打开控制器电源，启动系统。
步骤三：录入人员指纹。
步骤四：设定人员权限和其他权限。
步骤五：通过给电磁锁供电测试门的开关情况。
③ 注意事项。
（a）电磁锁开锁时间不宜过长，不要超过 5s，以免引起线圈发烫，影响电磁锁寿命。
（b）开锁间隔一般不要低于 60s。
（c）使用电容式指纹识别传感器时手指上不能有水。
（d）电容式指纹识别传感器 UART 默认波特率为 57.6kbit/s，数据格式：8 位数据位，2 位停止位，无校验位。
（e）电容式指纹识别传感器采用 3.3V 电源供电，注意电源电压不要超过 3.3V。

活动总结

本活动以装调小区智能安防门禁系统为目标，对门禁系统的作用、组成、结构进行了简单描述。

本活动对电容式传感器的组成、结构、工作原理、测量电路及应用进行了详细介绍。电容式传感器是一种将被测物理量转换为电容量变化的传感器。当被测物理量导致传感器电容量发生变化时，通过测量电路将该变化量转换为电压、电流或频率信号输出。电容式传感器分为变极距式电容传感器、变面积式电容传感器和变介电常数式电容传感器。

电容式传感器中的电容量及电容变化量都十分微小，不能直接在仪表上显示，因此必须通过测量电路将电容变化量转换成电压、电流或频率信号。常见的测量电路有桥式电路、调频电路等。

本活动采用模块搭接的方式模拟小区智能安防门禁系统，涉及电容式传感器的工作原理及装调过程等内容。

活动测试

一、填空题

1．电容式传感器是通过一定的方式引起_____发生变化，经测量电路将其转变为_____的一种测量装置。

2．决定电容量变化的三个参数为_____、_____和_____。电容式传感器根据改变参数的不同，可分为_____、_____、_____三种类型。

3．测量绝缘材料的厚度须使用_____类型的传感器。

4. 测量金属材料的厚度须使用_____类型的传感器。
5. 电容式接近开关中使用了_____类型的传感器。
6. 电容式液位计是利用介质料位变化对电容_____的影响这一原理制成的。
7. 差压式传感器通过改变_____参数来进行测量。
8. 在实际应用中,为了提高电容式传感器的灵敏度,降低非线性误差,常常将传感器做成_____结构。
9. 变极距式电容传感器常用于测量_____。
10. 变面积式电容传感器常用于测量较大的_____。

二、选择题

1. 电容式接近开关主要用于检测（　　）的位置。
 a. 导电物体　　　　b. 磁性物体　　　　c. 塑料物体　　　　d. 木材
2. 有一个直流三线制的电容式接近开关,输出类型为 PNP 输出,三根芯线的颜色分别为棕、蓝、黑,接线时电源正极接（　　）线,电源负极接（　　）线。
 a. 棕色　　　　　　b. 黑色　　　　　　c. 蓝色
3. 电容式传感器是将被测物理量转换为（　　）量变化的一种传感器。
 a. 电阻　　　　　　b. 电容　　　　　　c. 电感
4. 使用（　　）可测量液体中的成分含量。
 a. 电阻式传感器　　　　　　　　　　b. 电容式传感器
5. 采用（　　）电容传感器可测量物体的振动量。
 a. 变极距式　　　　b. 变面积式　　　　c. 变介电常数式
6. 采用（　　）测量角位移。
 a. 电容式传感器　　　　　　　　　　b. 电阻式传感器
7. 电容直线位移传感器是把（　　）转换为（　　）来进行测量的。
 a. 位移　　　　　　b. 电容　　　　　　c. 面积　　　　　　d. 电压
8. 采用（　　）电容传感器可测量物体的加速度。
 a. 变极距式　　　　b. 变面积式　　　　c. 变介电常数式
9. 采用（　　）电容传感器可测量压力。
 a. 变极距式　　　　b. 变面积式　　　　c. 变介电常数式
10. 电桥测量电路的作用是将电容式传感器参数的变化转换为（　　）。
 a. 电阻　　　　　　b. 电容　　　　　　c. 电压　　　　　　d. 电量

活动二　装调小区智能安防防盗系统

防盗系统是小区智能安防系统的一部分,在日常生活中应用广泛。该系统在家中无人的情况下处于设防状态,一旦有人撬开门窗,非法进入私人住宅,系统中的门窗报警器、红外人体探测器就能立即感应到侵入信号,触发声光报警器发出报警信号,同时将相关信息发送到业主移动通信终端,避免业主财产丢失。防盗系统如图 2-2-1 所示。

图 2-2-1 防盗系统

该系统中的门窗报警器属于霍尔传感器，如图 2-2-2 所示。门窗报警器主要由两部分组成，一部分是能产生恒定磁场的磁铁，另一部分是内含霍尔元件的门磁开关和窗磁开关。门磁开关和窗磁开关安装在门窗的开启处。门磁开关固定在门的边缘，磁铁固定在门框边缘，当门处于关闭状态时，磁铁对门磁开关施加磁场，门磁开关输出低电平，系统不报警；当门被非法撬开时，门磁开关离开磁铁，门磁开关输出高电平，系统报警并将此信号发送给智能家居家庭网关，触发声光报警器报警，同时向业主手机、业主家庭控制平板电脑发送报警信息。

（a）实物图　　　（b）门磁开关安装位置　　　（c）窗磁开关安装位置

图 2-2-2 门窗报警器

一、认知霍尔传感器

霍尔传感器是以霍尔元件为敏感元件和转换元件的传感器。它可以测量位置、转速、流量、液位等非电量，也可以测量电路中的电流、电压等电量。

霍尔传感器是一种基于霍尔效应的磁敏传感器，其组成框图如图 2-2-3 所示。在一定磁场和电流的情况下，霍尔传感器可以将被测物理量（如位置、转速等）转化为霍尔电动势，进而经过线性放大器和 A/D 转换电路转换为线性输出和开关量输出。

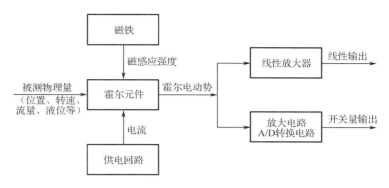

图 2-2-3 霍尔传感器组成框图

1. 霍尔传感器的工作原理

霍尔传感器实物图如图 2-2-4 所示。霍尔传感器具有结构简单、形小体轻、无触点、频率响应范围宽、动态范围大、寿命长等优点。

图 2-2-4 各种霍尔传感器实物图

1879 年，美国物理学家霍尔首先在金属材料中发现了霍尔效应，但由于金属材料的霍尔效应太弱而没有得到应用。随着半导体技术的发展，人们开始用半导体材料制造霍尔元件，它由于霍尔效应显著而得到应用和发展。

如图 2-2-5（a）所示，将一块通电的半导体薄片垂直放置在磁感应强度为 B 的磁场中，当有电流 I 从薄片 a 端流向 b 端时，在垂直于电流和磁场的方向上（c、d 端之间）将产生霍尔电动势 E_H，这种现象称为霍尔效应，该半导体薄片称为霍尔元件。

这种现象的产生，是因为通电半导体薄片中的载流子在磁场 B 所产生的洛仑兹力 F_L 作用下，分别向 c、d 两端偏转和积聚，因而形成一个电场，称作霍尔电场。霍尔电场产生的电场力 F_E 和洛仑兹力 F_L 方向相反，它阻碍载流子继续积聚。随着积累电荷的增加，载流子受到的电场力也增加，当载流子所受洛仑兹力与霍尔电场作用力大小相等、方向相反时，载流子不再向两端积聚，达到平衡状态，c、d 两端输出一个稳定的电动势，这就是霍尔电动势。

霍尔元件由半导体薄片制成，一般做成正方形，在薄片的相对两侧焊上两对电极作为引出线。其中，a、b 两端为激励电流端，称为电流电极；c、d 两端为霍尔电动势输出端，称为敏感电极。霍尔元件结构示意图如图 2-2-5（b）所示。其图形符号如图 2-2-5（c）所示。

霍尔电动势 E_H 与流入激励电流端的电流 I、作用在薄片上的磁感应强度 B 的关系可用下式表示：

$$E_H = K_H I B$$

式中，K_H 为霍尔元件的灵敏度，$K_H = R_H/d$，灵敏度与霍尔常数 R_H 成正比，而与霍尔元件的厚度 d 成反比。霍尔常数 R_H 与材料有关，计算公式如下：

$$R_H = \mu \rho$$

式中，ρ 为霍尔元件材料的电阻率，μ 为载流子迁移率。若要产生较强的霍尔效应，则需要增大 R_H，因此要求霍尔元件材料有较大的电阻率和载流子迁移率。一般金属材料载流子迁移率很高，但电阻率很低；而绝缘材料电阻率极高，但载流子迁移率极低。故只有半导体材料适于制造霍尔元件。目前常用的霍尔元件材料有锗、硅、砷化铟、锑化铟等半导体材料。

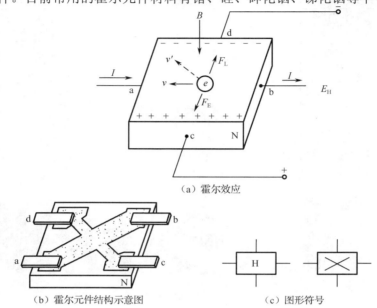

图 2-2-5　霍尔元件示意图

在实际应用中，霍尔元件材料是一定的，采用增大控制电流虽然能提高霍尔电动势，但控制电流增大后，元件的功耗也要增加，从而导致元件的温度升高，甚至可能烧毁元件。

当霍尔元件的控制电流一定时，若元件所处位置磁感应强度为零，则它的霍尔电动势应该为零，但实际不为零，这时测得的霍尔电动势称为不等位电势。产生这一现象的原因有：

（1）霍尔电极安装位置不对称或不在同一等电位面上；
（2）半导体材料不均匀造成电阻率不均匀或几何尺寸不均匀；
（3）控制电极接触不良造成控制电流不均匀分布。

想一想

简述霍尔传感器的工作原理。

2. 霍尔传感器的测量电路

（1）基本测量电路

霍尔传感器基本测量电路如图 2-2-6 所示。由电源 E 供给霍尔传感器输入端（a、b）控制电流 I_c，调节 R_W 可控制电流 I_c 的大小；霍尔传感器的输出端（c、d）接负载电阻 R_L，R_L 可以是放大器的输入电阻或测量仪表的内阻。

（2）集成霍尔传感器电路

霍尔元件输出的电动势很小，并且容易受温度的影响。随着半导体工艺的不断发展，现在已经将霍尔元件、放大器、温度补偿电路及稳压电源等制作在一个芯片上，称为集成霍尔传感器，简称霍尔传感器或霍尔集成电路。霍尔传感器通常分为线性型与开关型两大类。

① 线性型霍尔传感器。

线性型霍尔传感器的输出电压与外加磁场呈线性关系，这类传感器的型号有 UGN-3500 系列、HP-503 系列等。下面以美国 SPRAGUN 公司生产的 UGN-3501 传感器为例，来介绍线性型霍尔传感器的结构特点，其内部结构如图 2-2-7 所示。电路由霍尔元件和放大电路组成，电路输出模拟量信号，有单端输出和双端输出两种电路。当外加磁场时，霍尔元件产生与磁场呈线性关系的霍尔电动势，经放大电路输出。

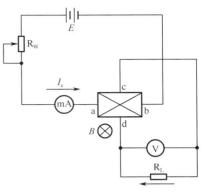

图 2-2-6　霍尔传感器基本测量电路

线性型霍尔传感器尺寸小、频响宽、动态特性好、使用寿命长，因此广泛应用于测量、自动控制等领域。

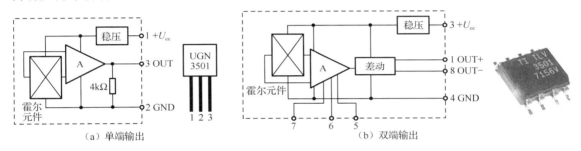

图 2-2-7　UGN-3501 传感器内部结构

② 开关型霍尔传感器。

开关型霍尔传感器的典型产品有 UGN-3000 系列与 UGS-3000 系列，两大系列的功能基本相同，前者为民用品，后者为军用品。两者的工作温度范围有差别：UGN-3000 系列的工作温度范围为-20～+85℃，UGS-3000 系列的工作温度范围为-40～+125℃。下面以 UGN-3020 传感器为例来介绍开关型霍尔传感器的组成。

UGN-3020 传感器内部框图如图 2-2-8 所示，电路由稳压电源、霍尔元件、差分放大器、施密特整形电路和输出级组成。它与线性型霍尔传感器的不同之处是增设了施密特整形电路，通过晶体管 VT 的集电极输出。开关型霍尔传感器具有开关特性，其输出端只有一个，由于内部设有施密特整形电路，因此有较好的抗噪声效果，主要用于测量转速、风速、流速等，或者制作接近开关。

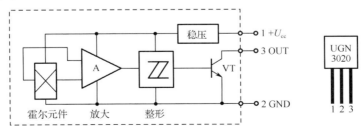

图 2-2-8　UGN-3020 传感器内部框图

想一想

简述线性型霍尔传感器和开关型霍尔传感器的异同点。

3. 霍尔传感器的应用

（1）钢球计数装置

钢球计数装置示意图如图 2-2-9 所示。当钢球滚过霍尔传感器所在位置时，由于钢球的加入，导致霍尔传感器上的磁感应强度发生变化，霍尔传感器输出一个脉冲电压，该电压经电压比较器驱动三极管，使之完成导通、截止过程，将计数信号送到计数器进行计数，并由显示器显示具体数值。

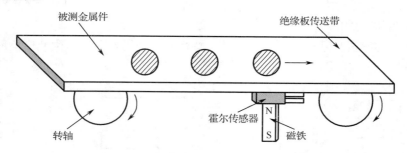

图 2-2-9 钢球计数装置示意图

钢球计数装置电路原理图如图 2-2-10 所示。电路由 3144 霍尔传感器、LM393 比较器、三极管等构成。电位器 RP 用于调节灵敏度，当磁场强度发生变化时，LM393 的 1 脚输出高电平，发光二极管 VD 发光，三极管 VT 将输出的低电平送至计数、显示电路计数，由液晶显示模块或 LED 数码管显示出来。

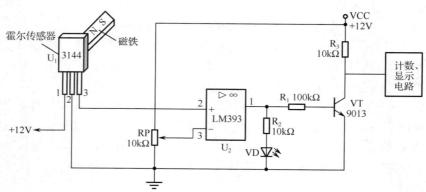

图 2-2-10 钢球计数装置电路原理图

（2）转速表

采用霍尔元件的转速表被广泛用于各类机械系统中，它可以在非接触条件下准确测量传动装置中齿轮的旋转速度，以达到自动化控制的目的。

转速表结构示意图如图 2-2-11 所示，在被测转速的转轴上安装一个齿轮转盘，将霍尔开关及磁铁分别安装在转盘的两边。转盘转动，使得霍尔开关在被凸起叶片遮挡和不被凸起叶片遮挡两种状态间做周期性变化。当霍尔开关没有被凸起叶片遮挡时，接收到很大的磁感应强度，产生较大的脉冲信号；当霍尔开关被凸起叶片遮挡时，霍尔开关输出微小的脉冲信号。交替的强弱脉冲信号经过放大、整形后，得出单位时间内的脉冲数，由此便可测得转轴的转速。

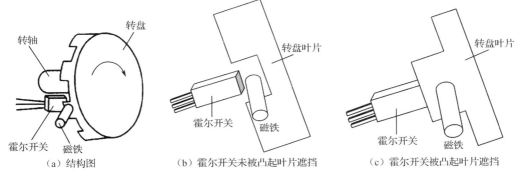

图 2-2-11 转速表结构示意图

（3）霍尔接近开关

霍尔接近开关如图 2-2-12 所示。在图 2-2-12（b）中，磁铁与两个霍尔传感器被放置在同一轴线上，与电机的转杆平行，电机转动时带动运动部件上的磁铁左右移动，使霍尔传感器靠近或远离磁铁；而在图 2-2-12（c）中，磁铁与两个霍尔传感器被安装在同一平面上，运动部件绕轴线运动时，它上面的磁铁也随之运动，同样使霍尔传感器靠近或远离磁铁。当运动部件靠近某个霍尔传感器时，该传感器输出高电平，而远离磁铁的霍尔传感器则输出低电平，由此便可测得运动部件的位置，输出的高低电平经驱动电路可使继电器吸合或释放，控制运动部件运动或停止，这样霍尔接近开关就起到了限位的作用。

（a）实物图

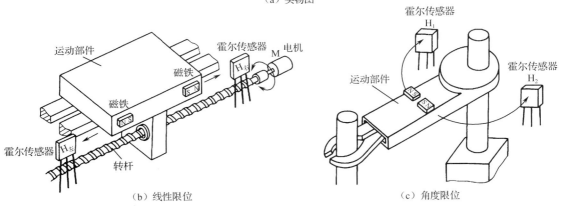

图 2-2-12 霍尔接近开关

（4）公交车车门状态显示器

公交车车门状态显示器电路如图 2-2-13 所示。三个开关型霍尔传感器分别装在公共汽车的三个门框上。在车门适当位置各固定一块磁钢。当车门打开时，磁钢远离霍尔传感器，输出为高电平。若三个门中有一个门未关，则或非门输出为低电平，红灯亮，表示还有门未关好。若三个门都关好，则或非门输出为高电平，绿灯亮，表示车门全关好，司机可以放心开车。

（a）公交车实物图

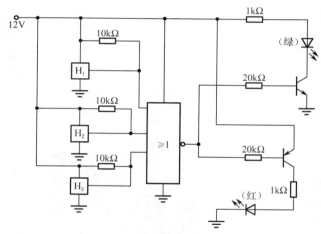

（b）车门状态显示器电路

图 2-2-13　公交车车门状态显示器电路

（5）液位控制装置

采用霍尔传感器构成的液位控制装置如图 2-2-14 所示。在浮筒上装一块磁钢，在两个极限位置各装一个开关型霍尔传感器，用传感器信号控制电磁阀的通断，以此来控制液位。

二、装调防盗系统

本活动利用霍尔传感器来构成防盗系统，模拟有人在未授权的情况下开窗入侵的过程。防盗系统的构成如图 2-2-15 所示。

1．系统工作原理

在窗户玻璃上安装一个磁铁，在窗架上安装一个霍尔传感器，当窗户打开的时候，磁铁远离窗架上的霍尔传感器，系统发出报警信号，表明有人从窗户入侵。

这里采用的是开关型霍尔集成电路，如图 2-2-16 所示。它由稳压电源、霍尔传感器、运算放大电路、施密特触发器、温度补偿电路等组成，其输出为一个数字电压信号。

任务二　部署小区智能安防信息采集系统

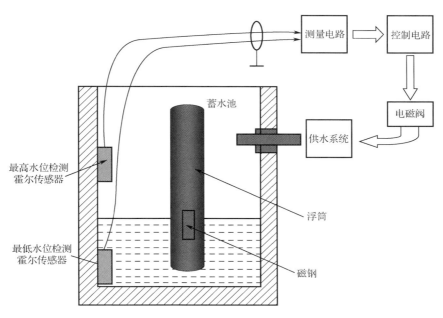

图 2-2-14　液位控制装置

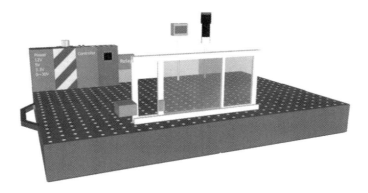

（a）鸟瞰图

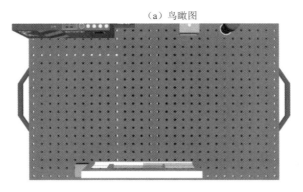

（b）俯视图

图 2-2-15　防盗系统的构成

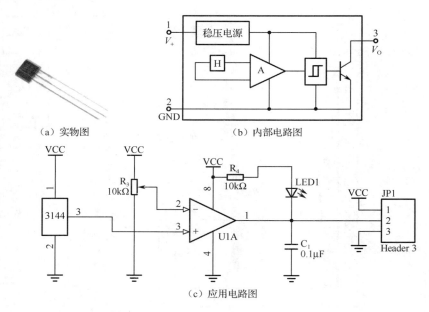

图 2-2-16　A3144E 开关型霍尔集成电路

2. 装调过程

（1）检测元器件

防盗系统元器件清单见表 2-2-1。将表中元器件准备好后，测试元器件性能是否正常。

表 2-2-1　防盗系统元器件清单

序　号	名　　称	型号/规格	数　量
1	开关型霍尔集成电路	3144	1
2	线性型霍尔集成电路	YS49E	4
3	霍尔传感器套件	—	1
4	OLED 显示模块	SSD1306/12864/0.96 英寸	1
5	声光报警器	22sm/12V	1
6	控制器	ATMEGA2560	1
7	继电器	松乐 SRD/12V	1
8	磁铁	—	1
9	模拟窗架	—	1
10	电源	12V/5V/30W	1
11	万用表	—	1
12	导线	—	若干

使用万用表检测霍尔集成电路。

将线性型霍尔集成电路面向自己（印章面），引脚向下，从左到右：1 脚接 5V, 2 脚接地, 3 脚为输出端。万用表红表笔接输出端，黑表笔接地，通电后用磁铁靠近或远离霍尔集成电路, 如有变化就表明霍尔集成电路是好的，没变化就是坏的，将距离和万用表读数填入表 2-2-2 中。

表 2-2-2　测试数据表

距离				
读数				

将开关型霍尔集成电路面向自己（印章面），引脚向下，从左到右：1 脚为正极，2 脚为负极，3 脚为输出端。在正极和输出端接电阻（1～10kΩ）。在负极和输出端之间接一个发光二极管。通电后用磁铁靠近或远离霍尔集成电路，观察发光二极管是否发光。如发光就表明霍尔集成电路是好的，不发光就是坏的。

（2）装调系统

防盗系统模块外形图如图 2-2-17 所示。

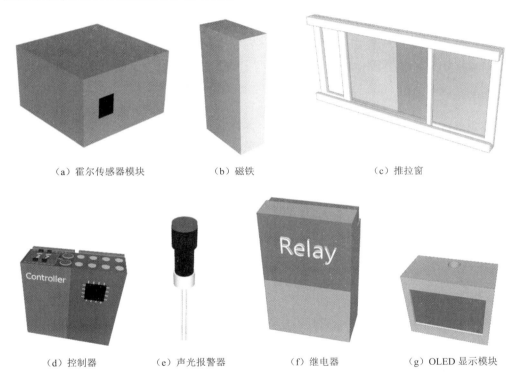

（a）霍尔传感器模块　　（b）磁铁　　（c）推拉窗

（d）控制器　　（e）声光报警器　　（f）继电器　　（g）OLED 显示模块

图 2-2-17　防盗系统模块外形图

① 装配霍尔传感器套件。

步骤一：将霍尔传感器套件按照装配图进行焊接、装配。

步骤二：将霍尔传感器电路板与控制器和声光报警器连接起来。

② 搭建系统。

步骤一：安装模拟窗架。

步骤二：安装磁铁和霍尔传感器模块。

步骤三：安装控制器、OLED 显示模块和声光报警器。

步骤四：将声光报警器连接到继电器。

步骤五：将霍尔传感器模块和继电器连接到控制器。

③ 调试系统。

步骤一：将控制器上的项目拨码开关设置为 2，活动拨码开关设置为 2。

步骤二：接通电源并启动系统。

步骤三：测试开关窗是否报警，调整霍尔传感器模块上的灵敏度电位器，以确保报警正常。

步骤四：调试设防和非设防状态下的开窗反应。

④ 注意事项。

（a）安装霍尔传感器时要区分正反，安装磁铁时要区分 N 极和 S 极。

（b）在大多数场合，霍尔传感器都具有很强的抗外磁场干扰能力。当遇到特别强的外磁场干扰时，可采用以下三种方法来解决。

方法一：调整模块方向，使外磁场对模块的影响最小。

方法二：在模块上加罩一个抗磁场的金属屏蔽罩。

方法三：选用带双霍尔元件或多霍尔元件的模块。

想一想

能否采用线性型霍尔集成电路监控窗户入侵行为？

活动总结

本活动以防盗系统为目标，对防盗系统的作用、组成、结构进行了简单描述，对系统中霍尔传感器的安装方法和基于霍尔传感器的监控过程进行了介绍。

本活动对霍尔传感器的组成、结构、工作原理、测量电路及应用进行了详细介绍。霍尔传感器是利用霍尔效应制作的一种磁敏传感器。

霍尔传感器输出的电动势很小，并且容易受温度的影响。随着半导体工艺的不断发展，人们将霍尔元件、放大器、温度补偿电路及稳压电源等制作在一个芯片上，称为集成霍尔传感器。

本活动采用模块搭接的方式模拟防盗系统，涉及霍尔传感器的工作原理及装调过程等内容。

活动测试

一、填空题

1. 霍尔传感器是一种基于_____的磁敏传感器。
2. 当有电流通过霍尔元件的激励电流端时，在输出端之间将产生_____。
3. 一般金属材料载流子迁移率很高，但电阻率很低；而绝缘材料电阻率极高，但载流子迁移率极低。故只有_____适于制造霍尔元件。
4. 霍尔集成电路通常分为_____霍尔集成电路与_____霍尔集成电路两大类。
5. 线性型霍尔集成电路由霍尔元件和放大电路组成，输出_____信号。

二、选择题

1. 霍尔传感器基于（　　）效应。

a．压电　　　　　b．电磁　　　　　c．霍尔　　　　　d．光电
2．霍尔元件不等位电势产生的主要原因不包括（　　）。
a．霍尔电极安装位置不对称或不在同一等电位上
b．半导体材料不均匀造成电阻率不均匀或几何尺寸不均匀
c．周围环境温度变化
d．激励电极接触不良造成激励电流不均匀分配
3．常用的霍尔元件材料是（　　）。
a．导体　　　　　b．绝缘体　　　　c．半导体
4．霍尔传感器按输出信号分为（　　）和（　　）。
a．霍尔点位传感器　　　　　　　b．霍尔转速传感器
c．开关型霍尔传感器　　　　　　d．线性型霍尔传感器
5．以下物理量中可以用霍尔传感器测量的是（　　）。
a．浊度　　　　　b．温度　　　　　c．位移　　　　　d．湿度
6．霍尔电动势与激励电流呈（　　）。
a．无关　　　　　b．正比　　　　　c．反比
7．以下典型应用中基于霍尔传感器的是（　　）。
a．烟雾浊度计　　b．接近开关　　　c．空气温度计　　d．空气湿度计

活动三　装调小区周界防范报警系统

在小区智能安防系统中，小区周界防范报警系统是防止小区业主人身财产受到损失的第一道关口，是阻止入侵者由围墙翻入小区作案，保证小区内居民安全的有力措施。该系统基于社区局域网搭建，由红外探测装置、声光报警器、紧急按钮、摄像头及社区监控中心等组成，系统结构图如图 2-3-1 所示。

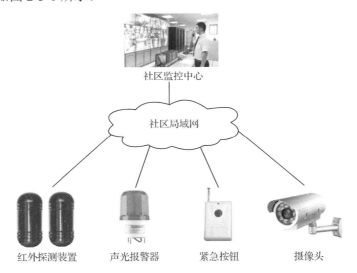

图 2-3-1　小区周界防范报警系统结构图

这里的红外探测装置选用红外对射探测器，红外对射探测器属于光电传感器，是整个系

统中最重要的装置，如图 2-3-2 所示。

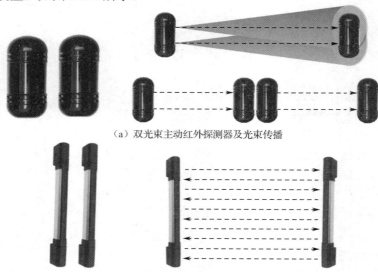

（a）双光束主动红外探测器及光束传播

（b）红外栅栏探测器及光束传播

图 2-3-2　红外对射探测器

红外对射探测器安装在小区周边，如图 2-3-3 所示。红外对射探测器的发射器和接收器安装在墙体内侧低处隐蔽点，直线距离保持在 5m 内，如图 2-3-4（a）所示；摄像头安装于墙体高处隐蔽点，且与墙体保持一定的斜角，如图 2-3-4（b）所示。

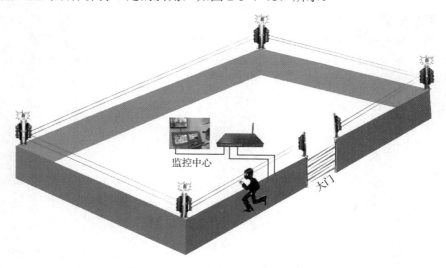

图 2-3-3　红外对射探测器布局示意图

一、认知光电传感器

光电传感器是一种基于光电效应的传感器，它能测量直接引发光量变化的物理量，如发光强度、光通量、光照度、气体浊度等；也可以测量利用光线物理效应引发光量变化的物理量，如零件直径、表面粗糙度、应变、位移、振动、速度、加速度，以及进行物体的形状、工作状态的识别等。

任务二 部署小区智能安防信息采集系统

（a）大门区域红外对射探测器安装示意图　　　　　（b）摄像头安装示意图

图 2-3-4　红外对射探测器与摄像头安装示意图

光电传感器组成框图如图 2-3-5 所示。当被测量的物体接近光敏元件时，光敏元件感受到的光信号（光量）发生变化，将光信号变化转化为电信号（电阻、电压等），进而经过电路输出。

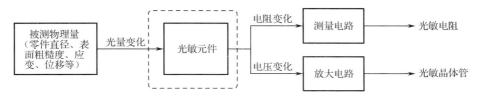

图 2-3-5　光电传感器组成框图

1. 光电传感器的工作原理

（1）光电效应

在光线的作用下，不同的光敏元件会呈现不同的光电效应，有外光电效应、内光电效应和光生伏特效应三种类型。

在光线的作用下，材料表面的电子吸收了光足够大的能量，电子会克服束缚逸出表面，从而改变材料的导电性，这种现象称为外光电效应，其代表元件为光电管和光电倍增管。

在光线的作用下，材料内的自由电子或空穴获得了能量，但仅在材料内部运动，能量状态没有发生改变，然而这种运动可以导致材料的电导率发生变化，这种现象称为内光电效应，其代表元件为光敏电阻。

在光线的作用下，半导体或金属与半导体结合处产生电位差，这种现象称为光生伏特效应，其代表元件为光电池、光敏晶体管。本活动仅介绍光敏电阻和光敏晶体管。

（2）工作原理

① 光敏电阻。

光敏电阻是利用半导体的光电效应制成的一种光敏元件，其电阻值随入射光的强弱而改变。光敏电阻由一块两边带有金属电极的光电半导体（如硅、锗、硒化铅、硒化镉等）组成，电极和半导体之间呈电阻性质。光敏层具有电阻特性，两端用金属电极引出。光敏电阻有两种结构：一种带有外壳，顶部有玻璃窗口；另一种不带外壳，如图 2-3-6 所示。

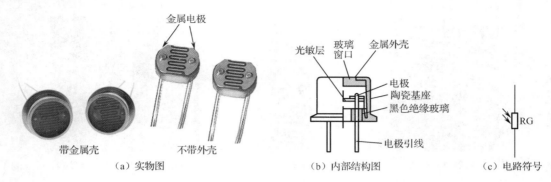

图 2-3-6 光敏电阻

光敏电阻属有源器件，工作时在它的两电极上必须加上直流或交流电压，如图 2-3-7 所示。

无光照时，光敏电阻呈高阻态，电路中仅有微弱的暗电流通过。一旦有光线照射到光敏电阻上，半导体材料中的载流子就迅速增加，电阻率变小，光敏电阻阻值下降，而且随着光照量的增大，载流子数目也增大，电流随之增大，电路中有较大的亮电流通过。当光照停止时，光敏电阻又逐渐恢复高阻态，电路中又只有微弱的暗电流通过。

暗电阻与亮电阻是光敏电阻最主要的性能参数。所谓暗电阻是指在无光照射时所测得的电阻值，这时在给定工作电压下，流过光敏电阻的电流叫暗电流。在有光照射时，光敏电阻的阻值称为亮电阻，此时的电流叫亮电流。

显然，亮电阻与暗电阻之差越大，光电流越大，灵敏度越高，光敏电阻的性能越好。实际使用的光敏电阻，其暗电阻往往超过 1MΩ，甚至高达 100MΩ，而亮电阻则在几千欧姆。

在一定电压下，光敏电阻的光电流与光通量之间的关系称为光照特性，光敏电阻的光照特性曲线如图 2-3-8 所示。光敏电阻的光照特性曲线是非线性的，因此它不适宜作为线性敏感元件，这是光敏电阻的缺点之一，它一般在自动控制系统中用作开关式光电信号传感元件。

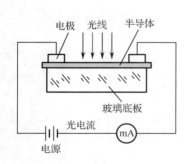

图 2-3-7 光敏电阻工作原理

图 2-3-8 光敏电阻的光照特性曲线

② 光敏晶体管。

光敏晶体管分为光敏二极管和光敏三极管，它们是光电耦合器的重要组成部分。光敏晶体管外形图如图 2-3-9 所示。

光敏二极管与光敏三极管的比较见表 2-3-1。

图 2-3-9 光敏晶体管外形图

表 2-3-1 光敏二极管与光敏三极管的比较

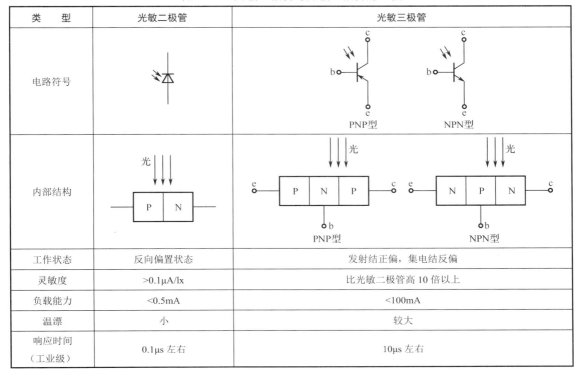

（a）光敏二极管。

光敏二极管是一种能将光能转换为电能的敏感性二极管，其结构与普通半导体二极管一样，也是非线性器件，具有单向导电性能。光敏二极管的管芯是一个具有光敏特性的 PN 结，外部可用金属、玻璃、陶瓷树脂封装。凡是用金属外壳封装的光敏二极管，都有一个用于进光的玻璃窗口，PN 结装在管壳的顶部，可以直接受到光的照射，其结构和应用电路如图 2-3-10 所示。当没有光照射时，其反向电阻很大，反向电流很小，这种反向电流称为暗电流。当光照射到 PN 结时，PN 结吸收光能，其周围产生电子-空穴对，它们在反向电压的作用下参与导电，形成比没有光照时大得多的反向电流，该反向电流称为光电流，此时光敏二极管的反向电阻减小。光电流与光照度成正比，光照度越大，光电流就越大。如果在外电路中接上负载，便可获得随光照强弱变化的电信号。

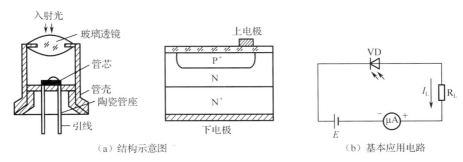

图 2-3-10 光敏二极管的结构和应用电路

光敏二极管的光照特性曲线如图 2-3-11 所示，它给出了光敏二极管的光电流与光照度的关系。从图中可以看出，光敏二极管的光照特性曲线具有很好的线性度。

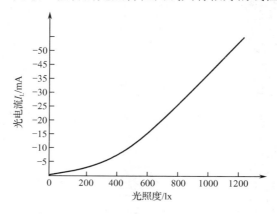

图 2-3-11　光敏二极管的光照特性曲线

（b）光敏三极管。

光敏三极管是一种具有光电转换能力的三极管，分为 PNP 和 NPN 两种类型，如图 2-3-12 所示。光敏三极管在无光照时与普通三极管一样，处于截止状态；当光线照射到集电结上时，与光敏二极管相似，在集电结附近产生电子-空穴对，电子受集电结电场的吸引流向集电区，基区中留下的空穴构成"纯正电荷"，使基区电压升高，导致电子从发射区流向基区。由于基区很薄，所以只有一小部分从发射区来的电子与基区的空穴结合，而大部分电子穿过基区流向集电区，这与普通三极管的电流放大作用相似。很显然，光敏三极管具有放大作用，比光敏二极管有更高的灵敏度，但其暗电流较大，响应速度慢。

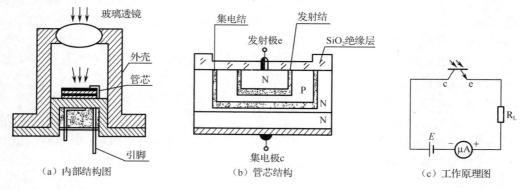

图 2-3-12　光敏三极管

光敏三极管的光照特性曲线如图 2-3-13 所示，它给出了光敏三极管的光电流与光照度的关系。从图中可以看出，光敏三极管的线性度没有光敏二极管好，而且在光照度小时，光电流增加得很慢。当光照度足够大时，输出电流又出现饱和现象（图中未画出），这是由于光敏三极管的电流放大倍数在小电流和大电流下都下降的缘故。

按照光源、被测物和光敏晶体管三者之间的关系，光敏晶体管可分为被测物发光型、被测物透光型、被测物反光型和被测物遮光型，如图 2-3-14 所示。

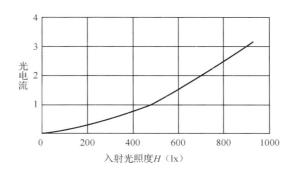

图 2-3-13 光敏三极管的光照特性曲线

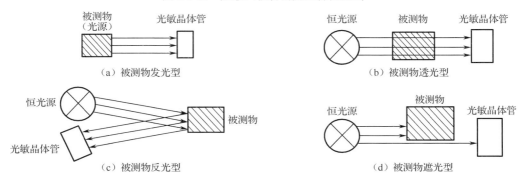

图 2-3-14 光敏晶体管的分类

图 2-3-14（a）为被测物发光型。被测物本身就是光源，所发射的光直接射向光敏晶体管，或者经过一定光路后照射到光敏晶体管上。光敏晶体管将感受到的光信号转换为相应的电信号，其输出反映了光源的某些物理参数。该形式的传感器主要用作光电比色温度计、光照度计。

图 2-3-14（b）为被测物透光型。将被测物置于光源和光敏晶体管之间，光源发出的光穿过被测物，部分被被测物吸收，剩余光透射到光敏晶体管上。透射光的强度取决于被测物对光吸收的多少，被测物透明，吸收光就少；被测物浑浊，吸收光就多。该形式的传感器常用来测量液体、气体的透明度、浑浊度，或用作光电比色计等。

图 2-3-14（c）为被测物反光型。光源与光敏晶体管位于同一侧，光源发出的光投射到被测物上，从被测物表面反射后投射到光敏晶体管上。反射光的强度取决于被测物表面的性质、状态及其与光源间的距离。这种形式的传感器可用来测量物体表面粗糙度、纸张白度，或用作位移测试仪等。

图 2-3-14（d）为被测物遮光型。将被测物置于光源和光敏晶体管之间，因被测物不透光，光源发出的光照射到被测物时，光线被遮去其中一部分，使投射到光敏晶体管上的光信号发生改变，其变化程度与被测物的尺寸及其在光路中的位置有关。该形式的传感器可用于测量物体的尺寸、位置、振动、位移等。

 想一想

简述光电传感器的工作原理。

2. 光电传感器测量电路

（1）光敏电阻测量电路

按照光敏电阻在电路中所处位置不同，光敏电阻测量电路分为两种形式。在图 2-3-15（a）中，当增大光照量时，光敏电阻 RG 阻值下降，负载电压增大，该电路输出电压 U_o 与光照量变化趋势相同；在图 2-3-15（b）中，当增大光照量时，光敏电阻 RG 阻值依旧下降，导致其上的压降减小，该电路的输出电压 U_o 与光照量变化趋势相反。

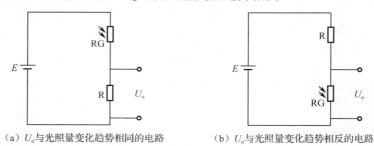

(a) U_o 与光照量变化趋势相同的电路　　　(b) U_o 与光照量变化趋势相反的电路

图 2-3-15　光敏电阻测量电路

（2）光敏二极管应用电路

由于流入光敏二极管的正向电流不受入射光的影响，因此只有将它反向连接，电流才会受到光照强弱的影响。图 2-3-16 是光敏二极管的一个应用电路。当光照增强时，光敏二极管的电流增大，使三极管 3DG6 和 9013 导通，继电器得电吸合。

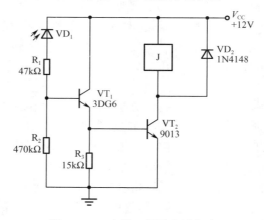

图 2-3-16　光敏二极管应用电路

（3）光敏三极管测量电路

光敏三极管的两种常用电路如图 2-3-17 所示。满足发射结正偏、集电结反偏，光敏三极管就会处于放大状态。在图 2-3-17（a）中，当光线照射到集电结时，光敏三极管导通，集电极与发射极之间的电压很小，输出 $U_O = I_C R_L$，其范围为 0V 至 $V_{CC} - U_{CES}$；而在图 2-3-17（b）中，输出 $U_O = V_{CC} - I_C R_L$，其范围为 U_{CES} 至 V_{CC}。

光敏三极管应用电路如图 2-3-18 所示。在光的照射下，光敏三极管 VT_1 中产生光电流，使 μA741 的 2 脚电位升高，6 脚输出低电平，VT_2 导通，继电器得电。

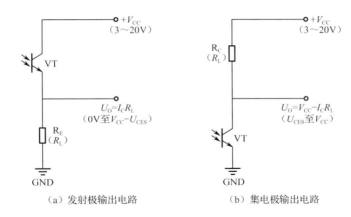

图 2-3-17 光敏三极管的两种常用电路

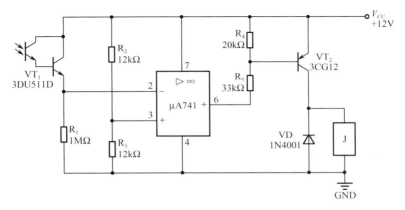

图 2-3-18 光敏三极管应用电路

简述光敏三极管常用电路的作用。

3．光电传感器的应用

（1）烟尘浊度监测仪

采用烟尘浊度监测仪可以在线监测烟道里的烟尘浊度。烟尘浊度监测仪如图 2-3-19 所示。测试头与反射器面对面安装，通过烟道中光的变化来监测烟尘浊度。采用双光路测量法，测试头发出的光第一次穿过测试通道，到达反射器，反射器将光反射，再次穿过测试通道，到达测试头。吹扫装置的作用是避免光学件上落下灰尘，同时使其免遭排放气体的热侵蚀。

烟尘浊度监测仪测量系统如图 2-3-20 所示。测量系统由一个光学发射装置（测试头）和一个反射装置（反射器）组成，发射的光束经过透镜到达分光镜，一半通过镜子 1 反射到镜子 2，再通过物镜 1 投射到反射器，最后经物镜 2 聚焦到测试头的传感器上；另一半通过分光镜反射到镜子 3，聚焦到参考传感器上，将探测反射光的传感器输出与参考传感器的输出进行比较，即可获取光密度。

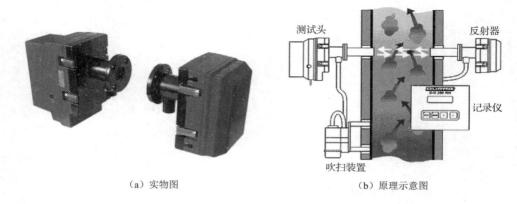

（a）实物图 （b）原理示意图

图 2-3-19　烟尘浊度监测仪

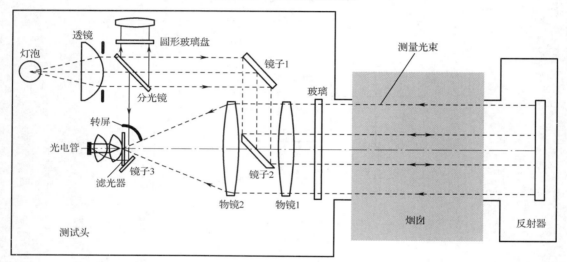

图 2-3-20　烟尘浊度监测仪测量系统

如图 2-3-21 所示，在管道中插入管状过滤器，用来采集烟尘颗粒。通过吸入管吸入烟尘颗粒，经过干燥塔干燥后，通过过滤器滤掉大型杂物，通过流量计和气体体积计测得气体体积，再通过称重装置获得质量，这样便可获得含尘量，依据光密度和含尘量，便可测知烟尘浊度。

（2）扫码枪

扫码枪的工作原理是利用光电元件将检测到的光信号转换成电信号，再将电信号通过模数转换器转换为数字信号传输到计算机中进行解码处理。扫码枪按扫描对象可分为条形码扫码枪和二维码扫码枪两类。

条形码扫码枪如图 2-3-22 所示。枪内的发光二极管发出一束光线，经过折光镜、复合物镜、透过平板镜，照射到一个多镜面的旋转棱镜上，反射后的光线穿过扫码窗口照射到条形码表面，若遇到黑色线条，发光二极管的光线将被黑线吸收，光敏三极管接收不到反射光，呈高阻抗，处于截止状态。当遇到白色间隔时，发光二极管所发出的光线由一个镜子进行采集、聚焦，通过光敏三极管转换成电信号。整个条形码扫描完成之后，光敏三极管将产生一个个电脉冲信号，该信号经放大、整形后便形成脉冲序列，再经计算机处理，即可完成对条形码信息的识别。

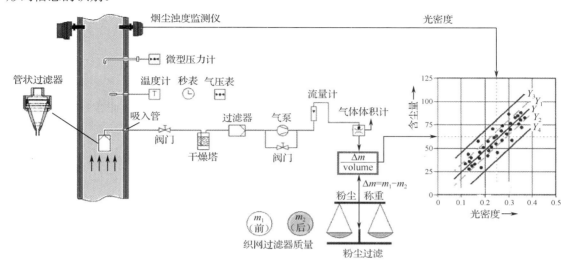

图 2-3-21　烟尘浊度检测系统

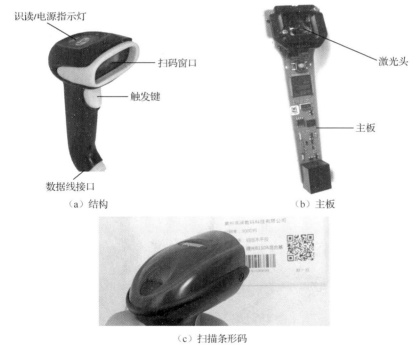

（a）结构　　　　　　　　　　　（b）主板

（c）扫描条形码

图 2-3-22　条形码扫码枪

（3）饮料灌装生产线

饮料灌装生产线模型图如图 2-3-23 所示。在传送带的两边安装了多个行程开关和光电传感器，用来判断瓶子的大小和位置。系统一经上电，传送带将驱动电动机运转，空瓶行至行程开关处，行程开关闭合，电动机停转，灌装设备通过电磁阀来控制饮料的灌装，由流量计控制灌装时间，饮料灌装过程完成后电动机恢复转动，如此循环，实现生产线的自动控制。

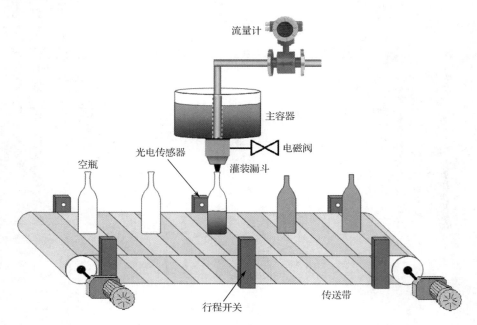

图 2-3-23　饮料灌装生产线模型图

对于饮料瓶大小的区分是通过反射式光电传感器来实现的。当饮料瓶运行至光电传感器处时，光源通过瓶子表面将光线反射到光电传感器中，瓶子越大，反射的光就越强，由此判断瓶子的大小。利用继电器对计数器进行正电平触发来完成对产品的计数。

（4）光控节能路灯

光控节能路灯外观图如图 2-3-24（a）所示，它可以根据光线强弱自动控制开关状态，其核心组件为控制器。这种路灯主要用在楼道、街道等公共场所。

光控节能路灯电路图如图 2-3-24（b）所示，无光照时，光敏电阻阻值（暗电阻）很大，电路中电流很小；当光敏电阻受到一定波长范围的光照时，它的阻值（亮电阻）急剧减小，电流迅速增大。

（a）外观图

图 2-3-24　光控节能路灯

任务二 部署小区智能安防信息采集系统

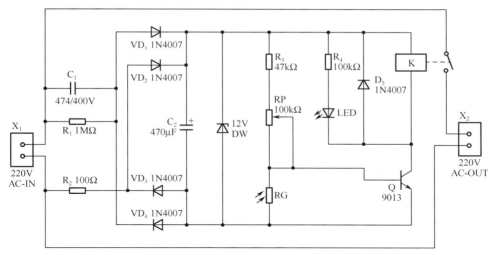

（b）电路图

图 2-3-24 光控节能路灯（续）

（5）光电转速测量装置

光电转速测量装置外观图如图 2-3-25（a）所示，它是根据光电传感器工作原理制造的一种感应接收光强度变化的电子器件，当它发出的光被目标反射或阻断时，接收器会感应出相应的电信号。

光电转速测量装置原理图如图 2-3-25（b）所示，在电动机主轴上贴有反光纸。当电动机转动时，反光与不反光两种状态交替出现，光电元件间断地接收反射光信号，输出电脉冲，经放大整形电路转换成方波信号，由频率计测得电动机的转速。

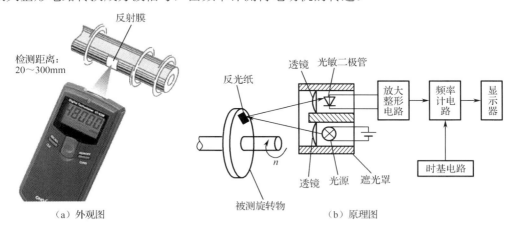

图 2-3-25 光电转速测量装置

二、完成小区周界防范报警系统的装调

防盗系统中的霍尔传感器多用于门窗等防盗报警，对于远距离的入侵检测则无能为力。在小区周界防范报警系统中，一般使用红外对射和激光对射两种光电传感器，两者探测距离不同，应用领域也不同。红外对射传感器的室外探测距离为 50~350m，适用于居民小区、校园、工厂园区等；激光对射传感器采用激光探测技术，探测距离为 100~5000m，且传输稳定，

适用于监狱、变电站、石油石化、铁路越线检测等场合。

本活动采用激光对射和红外对射两种光电传感器来模拟小区周界防范报警系统，当有人入侵时，人的身体挡住光源发射的光，光电传感器无法接收到光线，系统就会立刻报警。小区周界防范报警系统的构成如图2-3-26所示。

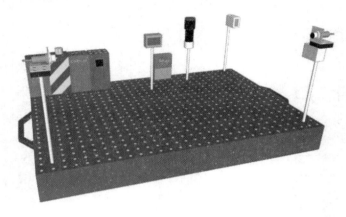

（a）鸟瞰图

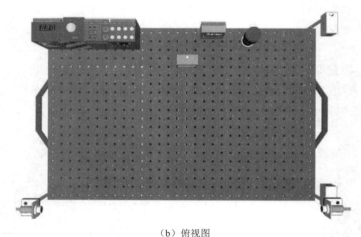

（b）俯视图

图2-3-26 小区周界防范报警系统的构成

1. 系统工作原理

小区周界防范报警系统中所使用的光电传感器如图2-3-27所示。激光对射传感器和红外对射传感器的最大区别是光线的波长不同，红外线的波长一般为850nm，激光的波长一般为650nm。红外线能量不集中，极易扩散，穿透力易受天气干扰而减弱。激光能量集中，穿透力比红外线强，能适应雨、雾、霜、雪、沙尘天气和抗光干扰，可实现全天候应用、全环境应用、全时段应用、全封闭应用、大纵深应用。

2. 装调过程

（1）检测元器件

小区周界防范报警系统元器件清单见表2-3-2。将表中元器件准备好后，测试元器件性能是否正常。

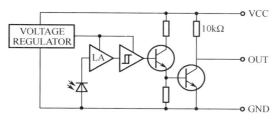
（a）激光对射传感器内部电路图

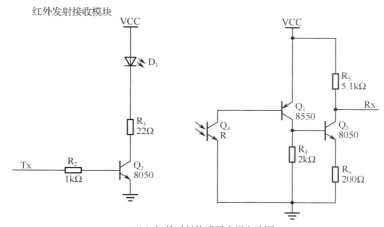
（b）红外对射传感器应用电路图

图 2-3-27　小区周界防范报警系统中所使用的光电传感器

表 2-3-2　小区周界防范报警系统元器件清单

序　号	名　　称	型号/规格	数　量
1	激光对射传感器	ADL-65076TL-1/IS0203	1
2	红外对射传感器	KB874/KB875	1
3	光电传感器套件	—	1
4	OLED 显示模块	SSD1306/12864/0.96 英寸	1
5	声光报警器	22sm/12V	1
6	控制器	ATMEGA2560	1
7	继电器	松乐 SRD/12V	1
8	电源	12V/5V/ 30W	1
9	万用表	—	1
10	导线	—	若干

① 检测红外对射传感器。

测量红外发光二极管的正、反向电阻。如果测得正向电阻大于 20kΩ，就存在老化的嫌疑；如果接近零，则应报废。如果反向电阻只有数千欧姆，甚至接近零，则二极管必坏无疑；二极管的反向电阻越大，其漏电流越小，质量越佳。

② 检测激光对射传感器。

激光对射传感器输出为开关量信号，NPN 型有光输出为 1，可通过测试输出状态来检查传感器的好坏。

（2）装调系统

系统模块外形图如图 2-3-28 所示。

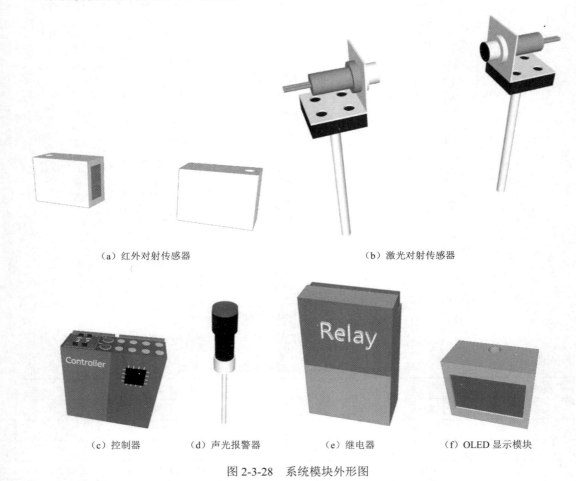

(a) 红外对射传感器　　　　(b) 激光对射传感器

(c) 控制器　　(d) 声光报警器　　(e) 继电器　　(f) OLED 显示模块

图 2-3-28　系统模块外形图

① 装配光电传感器套件。

步骤一：将光电传感器套件按照装配图进行焊接、装配。

步骤二：将光电传感器电路板与控制器和声光报警器连接起来。

② 搭建系统。

步骤一：安装光电传感器。

步骤二：安装控制器、OLED 显示模块和声光报警器。

步骤三：将声光报警器连接到继电器，将继电器连接到控制器。

③ 调试系统。

步骤一：将控制器上的项目拨码开关设置为 2，活动拨码开关设置为 3。

步骤二：通电运行系统，调整传感器镜头以调整传感器光斑大小。

步骤三：通过模拟周界侵犯测试报警系统。

④ 注意事项。
（a）红外发射管有极性之分。
（b）激光对射传感器通电测试时要注意电压的范围。

想一想

当遇到大雾天气时，适合采用红外对射传感器还是激光对射传感器？

活动总结

光电传感器是一种基于光电效应的传感器，当被测量的物体接近光敏元件时，光敏元件感受到的光信号（光量）发生变化，将光信号变化转化为电信号（电阻、电压等），进而经过电路输出。

光敏电阻是利用半导体的光电效应制成的一种光敏元件，其电阻值随入射光的强弱而改变。光敏电阻由一块两边带有金属电极的光电半导体组成，电极和半导体之间呈电阻性质。

光敏晶体管分为光敏二极管和光敏三极管，它们是光电耦合器的重要组成部分。光敏二极管是一种能将光能转换为电能的敏感性二极管，其结构与普通半导体二极管一样，也是非线性器件，具有单向导电性能。光敏三极管是一种具有光电转换能力的三极管，分为 PNP 和 NPN 两种类型。

光电传感器能测量直接引发光量变化的物理量，如发光强度、光通量、光照度、气体浊度等；也可以测量利用光线物理效应引发光量变化的物理量，如零件直径、表面粗糙度、应变、位移、振动、速度、加速度，以及进行物体的形状、工作状态的识别等。

在小区周界防范报警系统中，一般使用红外对射和激光对射两种光电传感器。本活动采用这两种传感器来模拟小区周界防范报警系统，当有人入侵时，人的身体挡住光源发射的光，光电传感器无法接收到光线，系统就会立刻报警。

活动测试

一、填空题

1．光电传感器是一种基于_____的传感器，当被测量的物体接近_____时，将_____变化转化为_____。
2．在光线的作用下，不同的光敏元件会呈现不同的光电效应，有_____、_____和_____三种类型。
3．光敏电阻的_____随入射光的强弱而改变。
4．光敏晶体管分为_____和_____。
5．光敏二极管是一种能将_____能转换为_____能的二极管。
6．当没有光照射光敏二极管时，其反向电阻_____，反向电流_____；当有光照射光敏二极管时，其反向电阻_____，反向电流_____。
7．光敏三极管是一种具有_____能力的三极管，分为_____和_____两种类型。
8．光敏晶体管可分为_____、_____、_____和_____。
9．只有将光敏二极管_____连接，电流才会受到光照强弱的影响。

10. 在饮料灌装生产线中，饮料瓶大小的区分是通过_____光电传感器来实现的。

11. 对光敏电阻而言，在无光照射时所测得的阻值是_____电阻，有光照射时所测得的阻值是_____。

二、选择题

1. 光电传感器基于（　　）效应。
   a. 压电　　　　　　b. 电磁　　　　　　c. 霍尔　　　　d. 光电
2. 当有光照射到光敏电阻上时，电阻值会（　　）。
   a. 变大　　　　　　b. 变小　　　　　　c. 不变
3. 当有光照射到光敏二极管上时，它处于（　　）偏置状态。
   a. 正向　　　　　　　　　　　　　　　b. 反向
   c. 截止　　　　　　　　　　　　　　　d. 导通
4. 光敏三极管具有放大作用，所以灵敏度比光敏二极管（　　）。
   a. 高　　　　　　　b. 低　　　　　　　c. 相同
5. 将被测物置于光源和光敏晶体管之间，光源发出的光穿过被测物，部分被被测物吸收，属于（　　）光敏晶体管。
   a. 被测物发光型　　　　　　　　　　　b. 被测物透光型
   c. 被测物反光型　　　　　　　　　　　d. 被测物遮光型
6. 由于流入光敏二极管的正向电流不受入射光的影响，因此只有将它（　　）连接，电流才会受到光照强弱的影响。
   a. 正向　　　　　　b. 反向　　　　　　c. 不要
7. 以下物理量中可以用光电传感器测量的是（　　）。
   a. 浊度　　　　　　　　　　　　　　　b. 温度
   c. 位移　　　　　　　　　　　　　　　d. 湿度
8. 在光线的作用下，半导体或金属与半导体结合处产生电位差的现象称为（　　）。
   a. 外光电效应　　　b. 内光电效应　　　c. 光生伏特效应
9. 扫码枪的工作原理是利用（　　）将检测到的光信号转换成电信号。
   a. 霍尔元件　　　　　　　　　　　　　b. 光电元件
   c. 压电元件　　　　　　　　　　　　　d. 热敏元件
10. 以下典型应用中基于光电传感器的是（　　）。
    a. 空气湿度计　　　　　　　　　　　　b. 接近开关
    c. 空气温度计　　　　　　　　　　　　d. 烟雾浊度计

环节三　分析计划

本环节将对任务进行认真分析，形成简易计划书。简易计划书包括鱼骨图、"人料机法环"一览表及相关附件。

1. 鱼骨图

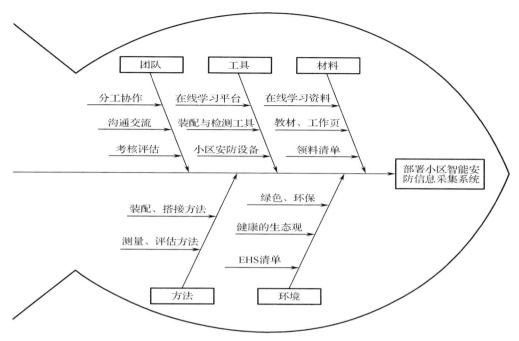

2. "人料机法环"一览表

人　员	
教师发布如下任务： ● 安装一套小区智能安防信息采集系统 ● 运行小区智能安防信息采集系统 以小组为单位完成任务，角色分配和任务分工与完成追踪表见附件1	
材　料	仪器/工具
● 讲义、工作页 ● 在线学习资料 ● 材料图板 ● 领料清单（看板教学的卡片），具体见附件2	● 依据在信息收集环节中学习到的知识，准备需要的工具和机器装备 ● 在线学习平台 ● 工具清单（看板教学的卡片），具体见附件3
方　法	环境/安全
● 依据在信息收集环节中学习到的技能，参考控制要求选择合理的调试流程 ● 制定1~3种方法，流程图具体见附件4	● 绿色、环保的社会责任 ● 可持续发展的理念 ● 健康的生态观 ● EHS清单（看板教学的卡片）

附件1：角色分配和任务分工与完成追踪表。

序　号	任 务 内 容	参 加 人 员	开 始 时 间	完 成 时 间	完 成 情 况

附件2：领料清单。

序　号	名　　称	单　位	数　量

附件3：工具清单。

序　号	名　　称	单　位	数　量

附件4：流程图。

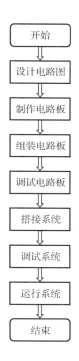

环节四 任务实施

任务实施前，应参考分析计划环节的内容，全面核查人员分工、材料、工具是否到位，确认系统调试流程和方法，熟悉操作要领。

任务实施过程中，应认真记录每个学生完成任务的情况，严格落实 EHS 的各项规程，填写下面的EHS落实追踪表。

	EHS 落实追踪表		
	通用要素摘要	本次任务要求	落实评价
环境	评估任务对环境的影响		
	减少排放与有害材料		
	确保环保		
	5S 达标		
健康	配备个人劳保用具		
	分析工业卫生和职业危害		
	优化人机工程		
	了解简易急救方法		

续表

安全	安全教育		
	危险分析与对策		
	危险品注意事项		
	防火、逃生意识		

任务结束后,应严格按照 5S 要求进行收尾工作。

环节五　检验评估

1. 任务检验

对任务成果进行检验,完成下面的检验报告。

序号	检验(测试)项目	记录数据	是否合格
			合格(　)/不合格(　)
			合格(　)/不合格(　)
			合格(　)/不合格(　)
			合格(　)/不合格(　)
			合格(　)/不合格(　)
			合格(　)/不合格(　)
			合格(　)/不合格(　)
			合格(　)/不合格(　)
			合格(　)/不合格(　)
			合格(　)/不合格(　)
			合格(　)/不合格(　)

2. 教学评价

利用评价系统完成教学评价。

任务三
部署智慧交通信息采集系统

> 活动：
> 通过部署智慧交通信息采集系统，掌握压电传感器、超声波传感器、气敏传感器的功能和应用。

环节一 情境描述

智慧交通系统是指将传感器技术、数据通信技术、卫星定位导航技术、图形图像处理技术、电子控制技术等信息技术有效地运用到地面交通运输管理体系中，通过安装在道路上和车内的传感器，实时采集某区域内的道路交通状况，以及车辆、驾驶员的违章情况，以提高交通运输效率，减少交通事故，降低能源消耗，减轻环境污染。

智慧交通系统如图 3-0-1 所示。

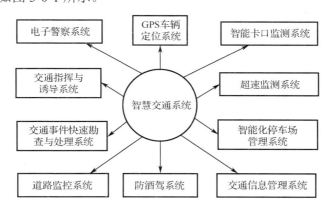

图 3-0-1 智慧交通系统

其中，电子警察系统可通过安装在地下的压电传感器检测到汽车压线情况，通过高清摄像头抓拍车辆违章图片，并对相关信息进行存储和处理；智能化停车场管理系统可通过超声波传感器实时检测车位上是否停有车辆，更新车辆停泊信息，使进入停车场的车辆能快速找到停放位置；防酒驾系统可通过酒精测试装置检测驾驶员呼出气体中的酒精含量，谨防驾驶员酒后开车，以保证道路安全。

传感器原理及应用

任务思维导图

本任务思维导图如图 3-0-2 所示。

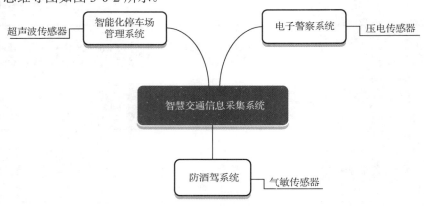

图 3-0-2 智慧交通信息采集系统思维导图

环节二 信息收集

活动一 装调电子警察系统

在众多交通违章行为中，闯红灯是造成交通混乱、引发交通事故的重要因素之一。电子警察系统可通过压电传感器、地感线圈、高清摄像头、网络化数据传输与处理设备等，不间断地自动检测、记录机动车辆的闯红灯、压线、超速等违章行为，供交管部门执法时参考，实现交通监控和治理，改善交通环境。

电子警察系统如图 3-1-1 所示。该系统的前端部分由红绿灯、压电传感器、地感线圈、车检器、抓拍摄像头等组成，后端部分由电子警察服务器、操作终端等设备组成。

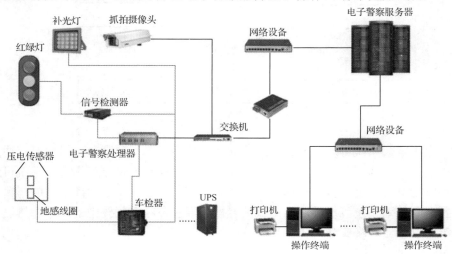

图 3-1-1 电子警察系统

任务三　部署智慧交通信息采集系统

在每一车道上，沿车辆行驶方向安装两个压电传感器及一个地感线圈，如图 3-1-2 所示。压电传感器作为抓拍摄像头的触发器，安装在十字路口的红绿灯线前 2m 左右，两个传感器的间距为 1m 左右；由高温导线绕制而成的地感线圈安装在两个压电传感器之间。

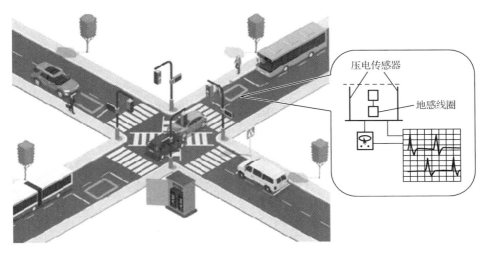

图 3-1-2　安装在十字路口的传感器及轮胎信号检测示意图

当汽车前轮通过压电传感器时，轮胎作用力使压电传感器产生一个与该力成正比的电脉冲信号，并且输出的周期与轮胎停留在传感器上的时间相同。

车检器安装在路边机箱内，与道路上的传感器相连。车检器监测车辆通过压电传感器时所产生的电脉冲信号，并利用两个压电传感器依次发送的信号计算出车辆通过压电传感器时的车速等数据。在红灯亮的时段，车检器若识别出有车辆经过且车速大于预设值，则迅速触发抓拍摄像头对压线车辆拍摄第一张照片。当汽车后轮通过压电传感器时，车检器触发摄像头拍摄第二张照片。在汽车通过路口，到达对面时，摄像头拍摄第三张照片。抓拍所得的车辆影像信息和电子警察处理器收集到的车辆信息，经公共网络中的网络设备上传到后台的电子警察服务器，由交管部门工作人员在操作终端完成违章告知、罚单打印等处理。

在整个系统中，压电传感器是识别车辆闯红灯行为、保障电子警察系统监测能力的关键部件之一，一般采用压电薄膜电缆结构，如图 3-1-3 所示。压电传感器内的压电材料为螺旋缠绕的扁平 PVDF 压电薄膜，屏蔽网采用铜线编织，外层为铜合金材料管护套。压电传感器的扁平结构对路面弯曲、邻近车道及接近车辆的弯曲波所产生的道路噪声具有良好的抑制能力。压电薄膜柔性好、响应快、灵敏度高、测压范围大，且安装简单，只需要在地下挖一小槽，将压电薄膜安装在路面下。小槽对路面的损坏很小，能和路面轮廓保持较好的一致性，可以更好地阻止路面弯曲，降低邻近车道造成的道路噪声。

（a）实物图

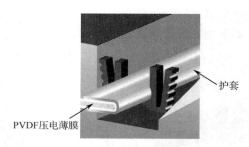
（b）压电薄膜电缆结构

（c）传感器安装位置

图 3-1-3　压电传感器的结构及安装位置

一、认知压电传感器

压电传感器是以某些电介质的压电效应为基础的一种传感器。在外力作用下，电介质表面会产生一定量的电荷。外力越大，产生的电荷就越多。压电传感器的输出信号有电压和电荷两种，其组成框图如图 3-1-4 所示。

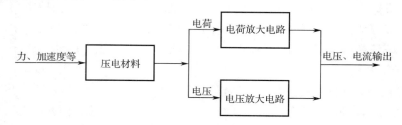

图 3-1-4　压电传感器组成框图

压电材料既是敏感元件，又是转换元件。这种传感器具有响应频带宽、灵敏度高、信噪比大、工作可靠、质量轻、结构简单等优点，在工业、军事、民用等领域应用广泛。

1. 压电传感器的结构和工作原理

（1）压电传感器的结构

压电材料分为压电晶体、压电陶瓷、高分子压电材料三类。根据不同测量需求，压电材料的选择不同，压电传感器的外形也不同，图 3-1-5 为几种常见的压电传感器。

图 3-1-5　常见的压电传感器

（2）压电传感器的工作原理

压电元件受到一定方向的压力或拉力时，内部将产生极化现象，在相对的两个表面会产生一定量的极性相反的电荷，去掉外力后，压电元件将恢复到不带电的状态，这种现象称为压电效应。压电效应可将机械能转换为电能。

图 3-1-6 给出了压电元件在各种受力条件下所产生的电荷情况。从图中可以看出，压电元件表面电荷的极性与受力的方向有关。

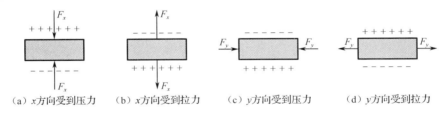

（a）x方向受到压力　　（b）x方向受到拉力　　（c）y方向受到压力　　（d）y方向受到拉力

图 3-1-6　压电元件在各种受力条件下所产生的电荷情况

若在压电元件的极化方向上施加交变电场，压电元件就会产生机械变形，去掉电场后，压电元件的变形也随之消失，这种现象称为电致伸缩效应，也称逆压电效应。电致伸缩效应可将电能转换为机械能。压电效应的可逆性如图 3-1-7 所示。

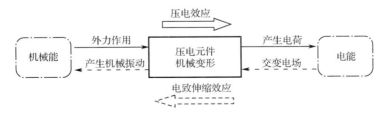

图 3-1-7　压电效应的可逆性

想一想

阐述压电传感器的两种效应。

（3）压电材料

压电材料可分为压电晶体、压电陶瓷和高分子压电材料三大类。其中，压电晶体一般指压电单晶体；压电陶瓷则泛指压电多晶体；高分子压电材料即有机压电材料，如聚偏二氟乙烯（PVDF）等。

① 压电晶体。

自然界中有 20 多种晶体具有压电效应，其中最具代表性、应用最广的是石英晶体。石英晶体性能非常稳定，在 20～200℃范围内压电常数的变化率只有 0.0001/℃，膨胀系数仅为钢的 1/30。压电晶体作为压电传感器中常用的一种压电材料，通常应用在标准传感器、高精度传感器中或环境温度较高的场合，而一般的测量中多采用压电陶瓷做压电元件。

② 压电陶瓷。

压电陶瓷是人造的多晶体压电材料，其压电机理与压电晶体不同。它由无数细微的电畴组成，电畴即分子自发极化的小区域。在极化前，各个电畴在晶体中的排列方向杂乱，多晶体自发极化时各电畴的作用相互抵消，所以压电陶瓷本身为中性，无压电效应。压电陶瓷只有做了极化处理后，才具有压电效应。

使用中如果在压电陶瓷上加一个与极化方向平行的外力使其产生压缩形变，电极上吸附的自由电荷就会增多（充电），即压电陶瓷产生压电效应，其中充电电荷的多少与外力大小成正比。

目前压电陶瓷制造工艺相当成熟，采用改变配方或掺杂微量元素的方式能大幅改变压电材料的技术性能以适应各种要求。

通常情况下，压电陶瓷的压电常数比石英晶体大得多，制造成本也很低，因而目前压电元件大多采用压电陶瓷制成。

③ 高分子压电材料。

高分子压电材料为近年来发展很快的一种新型材料，它是一种柔软的压电材料，不易破碎，具有很好的防水性，经极化处理后呈现出压电特性，其动态响应范围大，频率响应范围为 $0.1\sim10^9$Hz。有的材料压电常数比压电陶瓷大十几倍，其中以 PVF_2 和 PVDF 的最大。有的材料输出脉冲电压可以直接驱动 CMOS 集成门电路。这些优点都是其他压电材料不具备的。高分子压电材料一般用在测量精度要求高的场合。

三类压电材料的对比见表 3-1-1。

表 3-1-1　三类压电材料的对比

类　型	压电晶体	压电陶瓷	高分子压电材料
典型材料	石英晶体	锆钛酸铅、钛酸钡、铌酸盐、铌镁酸铅等	聚偏二氟乙烯、聚氟乙烯、改性聚氯乙烯等
性能	压电常数变化率极小，膨胀系数极小，线性范围宽，性能稳定，重复性好，固有频率高，动态特性好。不足之处是压电常数较小	压电常数远大于石英晶体；工艺特性良好，可按需制成各种形状；成本低	压电常数较大；动态响应范围和频率响应范围较大；拉制成薄膜或管状工艺简单，制造成本低。不足之处：机械强度低，不耐高温，温度灵敏度低，不宜暴晒，易老化
应用	适用于标准传感器、高精度传感器或环境温度较高的场合	为大多数压电传感器所采用	适用于测量力学、电声、水声、超声波等信号的传感器

选择压电材料时通常要从以下几个方面加以考虑。

第一，要确保材料有较大的压电常数，保证实现较好的能量转换；第二，材料要有较高的机械强度、较大的机械刚度、较宽的线性范围和较高的固有频率，即有良好的机械性能；第三，材料要有较高的电阻率和较大的介电常数，以较好地防止电荷泄漏，即有较好的电气性能；第四，材料要有较高的居里温度和较宽的工作温度范围，即有较好的温度稳定性；第五，压电效应不应随时间而蜕变，即具有良好的时间稳定性。

想一想

电子警察系统中的压电传感器采用的是哪一类压电材料？

2. 压电传感器相关电路

（1）等效电路

压电元件等效电路如图3-1-8所示。当压电元件受到外力作用时，两个相对的表面上会累积等量异性电荷，可将它们视为电容器的两个极板，两表面间的压电材料可看作电介质，两极板间的电压则为

$$U_a = \frac{Q_a}{C_a}$$

式中，C_a 为两极板间的电容量，Q_a 为电容器积累的电荷量。

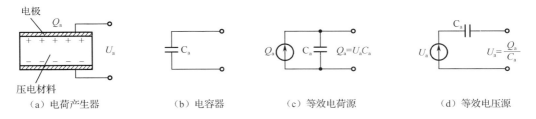

图 3-1-8　压电元件等效电路

在压电传感器中，为了提高灵敏度，往往采用多个压电片构成一个压电组件，其中最常用的是两片结构。两个压电片的连接方式可分为串联和并联，如图3-1-9所示。如果按相同极性粘贴，则相当于两个压电片串联，输出电荷量与单片电荷量相等，输出电容量为单片电容量的一半，输出电压是单片电压的两倍。若按不同极性粘贴，则相当于两个压电片并联，输出电容量为单片电容量的两倍，极板上的电荷量是单片电荷量的两倍，但输出电压与单片电压相等。压电片通常采用并联连接方式，可以增大输出电荷量，提高检测灵敏度。

需要注意的是，压电片在加工时接触面很难打磨得绝对平整，为保证压电片间全面均匀接触，事先要使压电片有一定的预应力，但预应力不能太大，否则将影响压电传感器的灵敏度。

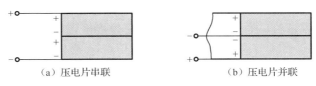

图 3-1-9　压电片连接方式

此外，只有在交变外力的作用下，压电传感器的电荷才能不断得到补充，为测量电路提供一定的电流，即压电传感器只能测量动态量，不适于测量静态量。

（2）测量电路

在实际测量时，压电传感器除了连接测量电路，还需要连接测试仪表和显示仪表等，因此传感器实际的等效电路还须考虑连接电缆电容 C_c、放大器的输入电阻 R_i 和输入电容 C_i 等形成的负载阻抗对电路的影响；加之空气总有一定的湿度，压电元件也非理想元件，其内部存在泄漏电阻 R_a。因此，压电传感器实际测量电路如图 3-1-10 所示。

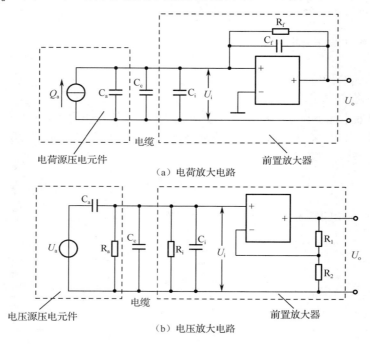

图 3-1-10　压电传感器实际测量电路

测量电路通常要先经过一个高输入阻抗的前置放大器。前置放大器主要起阻抗匹配和信号放大作用。信号经放大、检波、指示电路处理后，被送至数据分析或显示装置。

① 电荷放大电路。

在图 3-1-10（a）中，前置放大器接有反馈电容 C_f，具有高输入阻抗、高增益、深度负反馈等特点，其输入阻抗高达 $10^{10} \sim 10^{12} \Omega$，输出阻抗小于 100Ω，能将高内阻的电荷源转换为低内阻的电压源。输出 U_o 只与传感器的电荷量和反馈电容有关，与电缆电容无关。由于运算放大器的输入阻抗极高，放大器的输入端几乎没有分流，因此，与电压放大电路相比，可略去传感器的固有电阻 R_a 和放大器的输入电阻 R_i。

为使放大器稳定工作，减小零漂，通常在反馈电容 C_f 的两端并联一个大电阻 R_f，形成直流负反馈，以稳定放大器的直流工作点。此时，电荷放大电路的输出电压仅与传感器的电荷量及放大器的反馈电容有关，而与连接电缆无关，更换连接电缆时不会影响传感器的灵敏度。

② 电压放大电路。

电压放大电路中虚线框内的电路为传感器自身的电压源等效部分，放大电路的时间常数由电阻和电容决定。因为传感器的绝缘电阻极大，所以放大器的输入电阻越大，电路时间常数越大，系统的低频响应越好。电压放大电路的电容增大，传感器灵敏度一定降低，所以传感器到放大器间的连接电缆长度不能随意改变。

与电荷放大电路相比，电压放大电路结构简单，元件少，价格低，工作可靠。但是，电缆长度对传感器测量精度的影响较大，这在一定程度上限制了压电传感器在某些场合的应用。

想一想

电压放大电路中为什么不能随意改变电缆长度？对于压电片的两种接法，输出电压、电容有什么不同？

3. 压电传感器的应用

压电传感器在外力作用下，无须外界提供电源就有电压输出，随着固态电子器件与集成电路的迅速发展，超小型电压放大器完全可以直接装入传感器中。压电传感器可用于压力、质量、加速度等物理量的测量，目前广泛应用于工程力学、生物医学、电声学等领域。

（1）加速度计

加速度计是利用某些物质，如石英晶体的压电效应制成的，由压电晶片、质量块、电极、外壳、基座等组成，如图3-1-11所示。

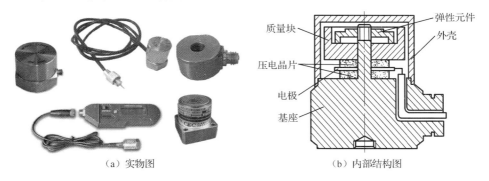

（a）实物图　　　　　　　　（b）内部结构图

图3-1-11　加速度计

压电晶片安装在基座上，上面加一质量块，用弹性元件将压电晶片压紧。测量前将加速度计的基座固定在被测物上，被测物运动时，带动加速度计做同步运动，这时质量块将产生一个与加速度成正比的惯性力作用于压电晶片，使压电晶片受力而产生电荷。被测物的加速度发生变化，压电晶片产生的电荷量也随之变化。当被测物振动频率远低于压电晶片的谐振频率时，压电晶片输出的电荷量或电压与被测物的加速度成正比，经电荷放大电路或电压放大电路便可测出加速度。

加速度计动态范围大，频率范围宽，受外界干扰小，坚固耐用，不需要外接电源，适于检测高频信号，因其结构简单，能做得极小，故广泛应用于消费电子、汽车、航空航天、武器系统等领域的倾斜度检测、运动检测、定位检测等。

（2）玻璃破碎报警装置

玻璃破碎报警装置利用压电传感器对振动敏感的特性制成，广泛应用于文物保管、贵重商品保管等场合，其外观与内部结构如图3-1-12所示。

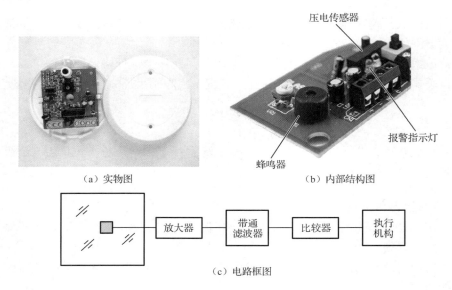

图 3-1-12 玻璃破碎报警装置

将玻璃破碎报警装置牢固地贴在玻璃上。玻璃被撞击或者破碎时,将产生几千赫兹至几万赫兹的振动波。报警装置内的压电传感器(压电薄膜)感受到这种剧烈的振动波,便在其表面产生一定量的电荷,输出窄脉冲报警信号。带通滤波器滤除其他频段的信号,保留玻璃振动频率范围内的信号,通过比较器比较后,利用高于设定的阈值的传感器信号驱动报警执行机构工作,进行声光报警。

(3) 动态称重系统

动态称重系统是在不影响车辆正常行驶的情况下,通过在行车道路上埋设称重传感器来自动获得和检测车辆载重信息的装置,如图 3-1-13 所示。

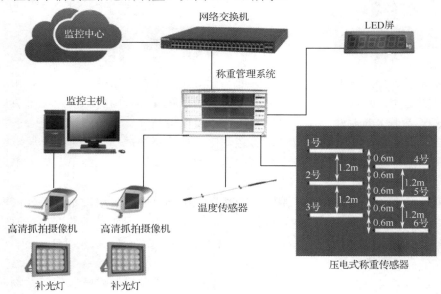

图 3-1-13 动态称重系统

(b）压电式称重传感器的安装位置

图 3-1-13　动态称重系统（续）

动态称重系统主要由压电式称重传感器、称重管理系统、监控主机、高清抓拍摄像机、LED 屏等构成。

在称重区埋设压电式称重传感器及温度传感器，并将每个传感器与系统主机相连。当车辆驶入称重区时，压电式称重传感器将受到轮胎对它所产生的压力，并将其转换为模拟电信号，经由 A/D 转换器将模拟电信号转换为数字信号，存储于系统主机内。同时，系统主机也会收到温度传感器所采集到的温度信号。系统主机利用滤波算法对采集到的称重信号进行降噪滤波预处理，去除干扰信号的影响，得到真实的车辆载重信号，然后利用动态称重算法处理车辆载重信号，得出车辆载重数，并识别车辆轴数、轮胎个数、行驶速度等参数，自动判断车辆是否超载。当出现超载情况时，通过高清抓拍摄像机抓拍车牌，并将相关信息显示在 LED 屏上，同时将相关数据存入称重管理系统或进行报警处理，从而实现全自动车辆载重监控。

（4）带压电式雨滴传感器的自动汽车刮水器

汽车在雨雪天气行驶时，雨雪对车窗的遮盖会妨碍驾驶员的视线，引发危险。带压电式雨滴传感器的自动汽车刮水器具有很好的车窗雨雪清理效果。图 3-1-14（a）是压电式雨滴传感器的结构图，图 3-1-14（b）为传感器模块，图 3-1-14（c）为雨滴的检测过程。

压电式雨滴传感器由振动板、压电元件、电路基板、橡胶垫、上盖、下壳等构成。整个汽车刮水器的结构框图如图 3-1-14（d）所示。振动板接收雨滴冲击的能量后按自身固有振动频率发生弯曲振动，并将振动传递给内侧的压电元件，致使压电元件产生压电效应，即将振动板传来的振动转换成电压，电压大小与加到振动板上的雨滴能量成正比，一般为 0.5～300mV。

压电式雨滴传感器输出的电压信号经放大和转换，输出反映雨量大小的电压波形，最终系统按电压的大小自动设定刮水器的工作时间间隔，控制刮水器的动作。

（5）车床动态切削力测量装置

研究车床切削力的变化规律有助于分析切削过程，对实际生产有重要的指导意义。

车床动态切削力测量装置测量准确度高，安装方便，它由压电式动态力传感器、刀架、车刀、放大器、记录仪等组成，如图 3-1-15 所示。

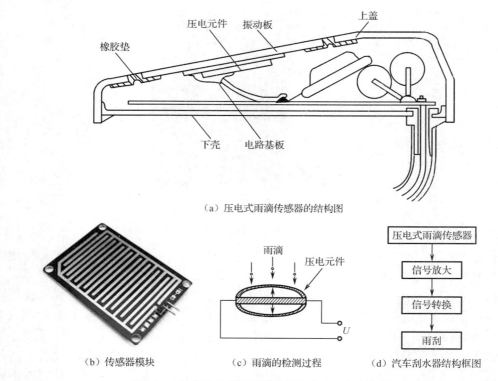

（a）压电式雨滴传感器的结构图

（b）传感器模块　　（c）雨滴的检测过程　　（d）汽车刮水器结构框图

图 3-1-14　带压电式雨滴传感器的自动汽车刮水器

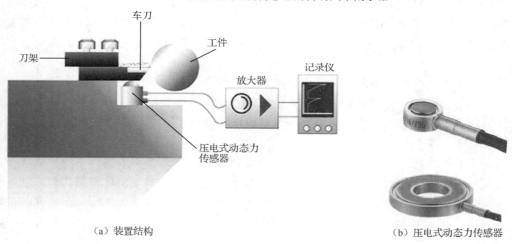

（a）装置结构　　　　　　　　　　　（b）压电式动态力传感器

图 3-1-15　车床动态切削力测量装置

车刀对工件进行切削操作时，因工件的转动而使车刀受到振动力，该振动力直接作用在压电式动态力传感器上，传感器将振动力转换成电信号输出至放大器，由放大器放大后，在记录仪上显示电信号的变化。通过观察记录仪上电信号的变化可得出振动力的变化，从而测出动态切削力。

二、完成电子警察系统的装调

本活动通过模拟监控路口汽车闯红灯的场景，完成电子警察系统的装调。当汽车通过装有红绿灯的路口时,若是绿灯,则不触发闪光灯闪烁,即不对汽车进行拍照;若是红灯,则触发闪光灯闪烁,即对汽车进行拍照。电子警察系统的构成如图 3-1-16 所示。

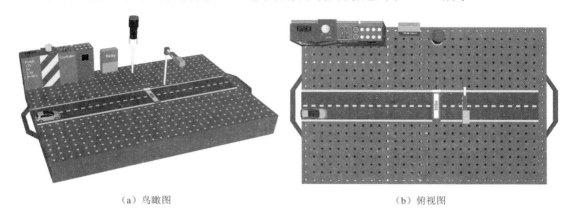

(a) 鸟瞰图　　　　　　　　　　　　(b) 俯视图

图 3-1-16　电子警察系统的构成

1. 系统工作原理

本活动采用的 PVDF 压电传感器（型号为 IPS-7216）如图 3-1-17 所示。压电薄膜固定在车道上,当汽车通过压电传感器时,汽车轮胎对压电薄膜施加压力,使压电传感器产生电荷,压电薄膜产生微弱电压,经放大后通过电压比较器输出电压脉冲信号,获得汽车信息。

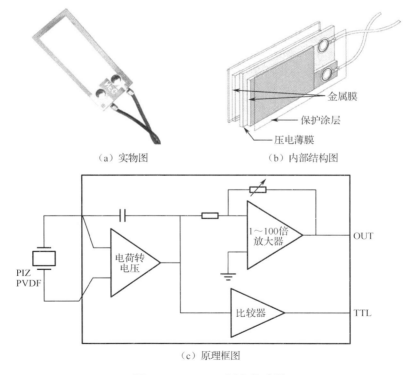

(a) 实物图　　　　　　　　(b) 内部结构图

(c) 原理框图

图 3-1-17　PVDF 压电传感器

2. 装调过程

（1）检测元器件

电子警察系统元器件清单见表 3-1-2。将表中元器件准备好后，测试元器件性能是否正常。

表 3-1-2　电子警察系统元器件清单

序号	名　　称	型号/规格	数　量
1	PVDF 压电传感器	IPS-7216	1
2	压电信号放大电路套件	PVA103	1
3	OLED 显示模块	SSD1306/12864/0.96 英寸	1
4	声光报警器	22sm/12V	1
5	控制器	ATMEGA2560	1
6	继电器	松乐 SRD/12V	1
7	信号灯	—	1
8	LED 闪光灯	—	1
9	模拟汽车	—	1
10	交通道路贴	—	1
11	电源	12V/5V/30W	1
12	万用表	—	1
13	示波器	—	1
14	导线	—	若干

（2）装调系统

系统内的模块外形图如图 3-1-18 所示。

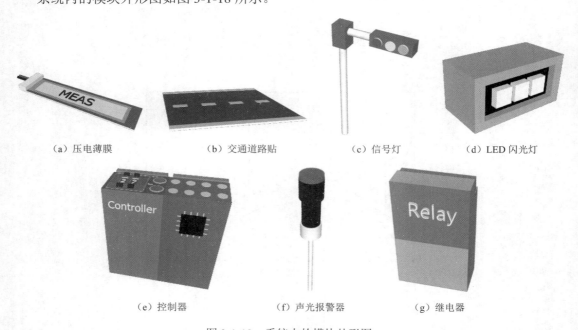

（a）压电薄膜　　　（b）交通道路贴　　　（c）信号灯　　　（d）LED 闪光灯

（e）控制器　　　（f）声光报警器　　　（g）继电器

图 3-1-18　系统内的模块外形图

（h）OLED 显示模块　　　　　　（i）电源　　　　　　　　（j）模拟汽车

图 3-1-18　系统内的模块外形图（续）

① 装配压电信号放大电路套件。

步骤一：将压电信号放大电路套件按照装配图进行焊接、装配。

步骤二：将压电信号放大电路板与控制器和声光报警器连接起来。

② 搭建系统。

步骤一：安装控制器、OLED 显示模块和声光报警器。

步骤二：安装交通道路贴及信号灯。

步骤三：铺设压电薄膜。

步骤四：安装 LED 闪光灯（模拟拍照系统）。

步骤五：将信号灯、传感器开关板、LED 闪光灯连接到控制器。

步骤六：将声光报警器连接到继电器，将继电器连接到控制器。

③ 调试系统。

步骤一：将控制器上的项目拨码开关设置为 3，活动拨码开关设置为 1。

步骤二：设置红绿灯时间、报警响应时间、拍照响应时间。

步骤三：信号放大模块有 VCC、TTL、OUT、GND 四个端口，其中 TTL 为比较器输出端，比较电压为 0.6V，输出 TTL 方波。在无振动时，信号放大模块输出约 2V 电压，有振动时输出正负波动电压信号。图 3-1-19 为轻敲压电薄膜时示波器显示的波形。接入 5V 电源，轻敲压电薄膜，使用示波器观察 OUT 端输出信号。

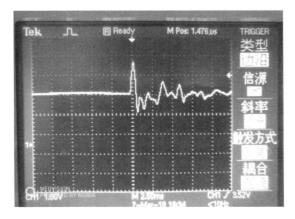

图 3-1-19　轻敲压电薄膜时示波器显示的波形

步骤四：模拟汽车正常通行和闯红灯的场景，观察 LED 闪光灯闪烁情况。

④ 注意事项。

（a）PVDF 压电传感器信号很弱，极易受到周围电场干扰，使用时应尽量远离干扰源。

（b）PVDF 压电传感器属于薄膜类传感器，不可折叠，以免造成传感器损坏。

想一想

LED 闪光灯的闪烁取决于哪些因素？

活动总结

　　本活动以装调电子警察系统为目标，对电子警察系统的作用、组成、结构以及系统中压电传感器的安装方法和基于压电传感器的车辆闯红灯违章检测过程进行了介绍。

　　本活动对压电传感器的组成、结构、工作原理、测量电路进行了详细讲解。压电传感器是以某些电介质的压电效应为基础的一种传感器。压电元件受到一定方向的压力或拉力时，在相对的两个表面会产生一定量的极性相反的电荷，去掉外力后，压电元件将恢复到不带电的状态，这种现象称为压电效应。

　　压电传感器的输出信号较弱，直流响应差，需要采用电压放大电路、电荷放大电路等测量电路来产生能够驱动负载的输出。压电传感器具有响应频带宽、灵敏度高、信噪比大、工作可靠、质量轻、结构简单等优点，因而应用广泛。

活动测试

一、填空题

1. 压电材料分为_____、_____和_____三类。

2. 压电元件受到一定方向的压力或拉力时，内部将产生极化现象，在相对的两个表面会产生一定量的极性相反的电荷，去掉外力后，压电元件将恢复到不带电的状态，这种现象称为_____；若在压电元件的极化方向上施加交变电场，压电元件就会产生机械变形，去掉电场后，压电元件的变形也将随之消失，这种现象称为_____。

3. 压电传感器可等效为一个_____和一个电容_____，也可等效为一个_____与电容_____。

4. 压电传感器的输出须先经过前置放大电路处理，前置放大电路有_____和_____两种形式。

5. 压电传感器使用_____放大电路时，输出电压几乎不受连接电缆长度变化的影响。

6. 电压放大电路的_____不能随意改变。

7. 压电传感器采用前置放大电路的目的是_____。

8. 当压电式加速度计固定在试件上而承受振动时，质量块产生一可变力，作用在压电晶片上，由于_____效应，在压电晶片两表面上就有_____产生。

二、选择题

1. 某些物质受到一定方向的外力作用时，其表面会产生电荷，去掉外力就会恢复到不带电的状态，这种现象称为（　　）。

　　a. 压电效应　　　　b. 磁致伸缩效应　　　　c. 霍尔效应　　　　d. 压磁效应

2. 压电材料是压电传感器的（　　）。
a. 敏感元件　　　　　　　　　　　　b. 转换元件
c. 敏感元件和转换元件　　　　　　　d. 普通元件
3. 压电传感器目前多用于测量（　　）。
a. 静态的力或压力　　　　　　　　　b. 动态的力或压力
c. 位移　　　　　　　　　　　　　　d. 温度
4. 两个压电元件串联与单片相比说法正确的是（　　）。
a. 串联时输出电压不变，电荷量与单片相同
b. 串联时输出电压增大一倍，电荷量与单片相同
c. 串联时电荷量增大一倍，电容量不变
d. 串联时电荷量增大一倍，电容量为单片的一半
5. 当运算放大器放大倍数很大时，压电传感器输入电路中的电荷放大器的输出电压与（　　）成正比。
a. 输入电荷　　　b. 反馈电容　　　c. 电缆电容　　　d. 放大倍数
6. 下列描述中正确的是（　　）。
a. 压电传感器在使用电荷放大器时，连接电缆长度会影响系统测量精度
b. 使用电荷放大器时，其输出电流与传感器的输入电荷成正比
c. 使用电荷放大器时，其输出电压与传感器的输入电压成正比
d. 压电传感器在使用电压放大器时，连接电缆长度会影响系统测量精度
7. 下列描述中不正确的是（　　）。
a. 压电晶体具有良好的温度稳定性，常用于高精度测量
b. 压电陶瓷压电常数大，灵敏度高，制造工艺成熟，是目前最稳定的压电材料
c. 新型压电材料既具有压电特性又具有半导体特性，适合集元件与线路于一体，研制成新型集成压电传感器测试系统
d. 压电陶瓷成形工艺性好，成本低廉，利于广泛应用
8. 压电片受力的方向与产生电荷的极性（　　）。
a. 无关　　　　b. 有关

活动二　装调智能化停车场管理系统

智能化停车场管理系统能使驾驶员快速找到车位、完成停车，还能大幅度提高车位的利用率。智能化停车场管理系统如图3-2-1所示。

智能化停车场管理系统包括每个车位上方安装的超声波传感器、区域显示屏、辅助快速停车的引导单元、库外导向牌、管理中心等，具有远程车位检索、可用车位提示、自动进行停车导航等诸多功能。

超声波传感器是智能化停车场管理系统的重要组成部分，常用的超声波传感器如图3-2-2（a）所示。超声波传感器安装在每个车位的正上方，如图3-2-2（b）所示。

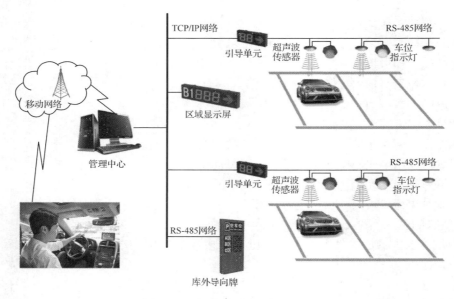

图 3-2-1　智能化停车场管理系统

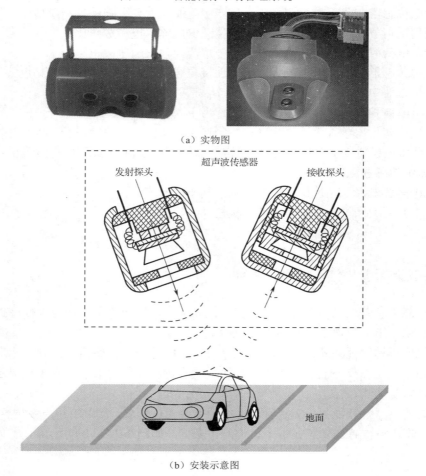

（a）实物图

（b）安装示意图

图 3-2-2　超声波传感器

当有车停泊在车位上时，发射探头发射的超声波到达车顶后经过车顶反射到接收探头，接收探头接收衰减后的超声波反射信号并将其转换为电信号，电信号经电路处理，再经 RS-485 网络、TCP/IP 网络传送至管理中心，由管理中心主机完成数据分析及系统的整体监控，获得车位占用信息；如果车位上没有停泊车辆，发射探头发射的超声波将被地面反射，接收探头接收的超声波强度就会降低，传至管理中心的信号就会减小，系统由此就可判断出当前车位未被占用。

管理中心主机控制停车场区域显示屏、引导单元、库外导向牌对当前空闲车位的位置、编号等信息进行实时显示，引导驾驶员入场后快速完成停车操作。一些停车场的管理中心还通过移动网络与一些云平台的 App 对接，将车位信息发往车主手机、导航仪等智能终端上，支持车主远程进行车位检索、预订和停车导航等，既能为车主提供高效、舒心的停车体验，又提高了车位的利用率。

一、认知超声波传感器

超声波是一种振动频率高于声波的机械波，具有频率高、波长小、反射能力强、方向性好等优点。超声波对液体、固体的穿透能力很强，尤其是在不透明固体中，超声波可穿透几十米。超声波遇到杂质或分界面会发生反射，形成反射波，利用这一特性可制成超声波传感器。

超声波传感器包括产生超声波的发射探头和接收超声波的接收探头，其中发射探头利用的是压电晶体的电致伸缩效应，压电晶体在电压的激励下发生振动，产生超声波向外发射，将电能转换为机械能；接收探头则基于压电晶体的压电效应，压电晶体在超声波的作用下产生电荷，将机械能转换为电能，因此超声波传感器属于典型的双向传感器，如图 3-2-3 所示。

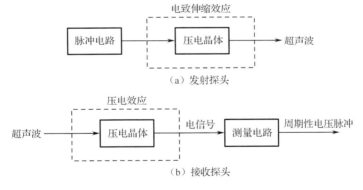

图 3-2-3 超声波传感器的组成

1. 超声波传感器的工作原理与性能指标

（1）超声波

次声波、声波、超声波和微波是按频率划分的，如图 3-2-4 所示。声波指人耳可辨别的声音信号，其频率为 20Hz～20kHz；次声波的频率低于 20Hz；超声波超出了人耳听觉范围，其频率高于 20kHz。

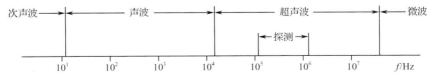

图 3-2-4 次声波、声波、超声波与微波

(2) 超声波的物理性质

① 指向性。

超声波的指向性又称超声波的束射性或定向性。由于频率极高、波长小、能量集中，超声波在传播时能集中于一个方向。超声波的频率越高，指向性越好。

② 超声波的反射、折射和衰减。

当超声波从一种介质传播到另一种介质时，在两介质的分界面上将发生反射和折射，如图 3-2-5 所示。其中，能返回原介质的称为反射波，透过介质表面能在另一种介质内继续传播的称为折射波。在某些情况下，超声波还能产生表面波。各种波型都符合反射和折射定律。

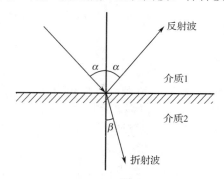

图 3-2-5　超声波的反射和折射

超声波衰减是指超声波在介质内传播时随传播距离的增加而减弱的现象。引起超声波衰减的原因主要有两点：一是超声波束在不同声阻抗介质的交界面上发生折射、反射及散射等现象，使主声束方向上的能量减弱；二是因为介质的黏滞性（内摩擦力）和温度等因素的影响，超声波的部分能量被吸收。

③ 强穿透性。

当超声波波长远远小于传感器探头的直径时，超声波近似为平面波，方向性更为明显，显现出很强的穿透能力，能穿透几米厚的钢板而能量损失很小，可在气体、液体、固体、固熔体等介质中有效传播，甚至能在许多介质中进行上百米的远距离传播。

④ 温度特性。

超声波的传播速度与温度有关。在使用时，如果温度变化不大，则可认为其传播速度基本不变。如果测距精度要求很高，则应通过温度补偿的方法加以校正。

(3) 超声波传感器的工作原理

采用换能装置实现电能和超声波的转换，通过发射超声波和接收超声波的方式进行信号检测的装置称为超声波探头或者超声波换能器。超声波探头按工作原理分为压电式、磁致伸缩式、电磁式等多种，其中压电式超声波探头为主流。

超声波发射探头和接收探头构成超声波传感器，探头结构如图 3-2-6 所示。超声波探头的核心部件是压电晶片。从发射探头的引脚输入高频脉冲电信号时，压电晶片因电致伸缩效应发生变形而产生振动，振动频率在 20kHz 以上，由此形成了超声波。发射探头的压电晶片上粘贴了锥形共振盘，以增强方向性。超声波经锥形共振盘共振放大后定向发射出去。

发射探头发射的超声波遇到障碍物后立即发生反射，接收探头接收到反射的超声波后，其内部的压电晶片产生压电效应（出现反复变形），通过锥形共振盘将超声波转换成微弱的电振荡信号，在阻抗匹配器处进行噪声滤除，经后继电路的信号放大，得到系统所需要的控制信号。

在收发分体的超声波传感器中，探头发射的超声波频率和接收的超声波频率应匹配。在实际应用中，压电式超声波传感器的发射探头和接收探头多做成一体。

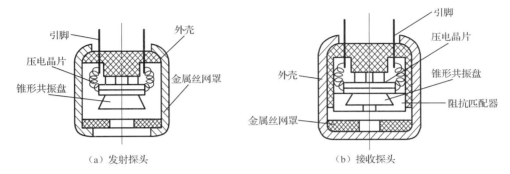

图 3-2-6　超声波探头结构

几种典型的超声波探头如图 3-2-7 所示。

图 3-2-7　几种典型的超声波探头

超声波探头按入射声束方向可分为直探头和斜探头。直探头按内部晶片数量又可分为单晶直探头和双晶直探头。单晶直探头、双晶直探头和斜探头的结构如图 3-2-8 所示。

单晶直探头发出的超声波垂直投射到被测件内，经过界面反射到探头。单晶直探头的发射与接收是分时进行的，其测量精度低，控制电路复杂，主要用于检测与检测面平行的缺陷，如板材、铸件、锻件的检测等。

双晶直探头是两个单晶直探头的组合体，两个压电晶片安装在同一个壳体内，一个用于发射超声波，另一个用于接收超声波。两晶片之间用一个吸声能力强、绝缘性能好的薄片加以隔离。发射与接收可以同时进行。双晶直探头虽然结构复杂，但检测精度比单晶直探头高，控制电路比单晶直探头简单，且杂波少、盲区小，检测范围可调，主要用于检测近表面缺陷。

斜探头是将压电晶片粘贴在与底面呈一定角度（如 30°、45°等）的有机玻璃斜楔块上，当斜楔块与不同材料的被测介质（被测件）接触时，超声波按一定角度倾斜入射到被测介质中，在介质中经多次反射到达接收探头。

斜探头又分为横波斜探头和纵波斜探头。横波斜探头主要利用横波进行检测，是入射角在第一临界角与第二临界角之间且折射波为纯横波的探头，主要用于检测与检测面垂直或呈一定角度的缺陷，广泛用于焊缝、管材、锻件的检测。纵波斜探头是入射角小于第一临界角的探头，主要利用小角度的纵波进行缺陷检验，或在横波衰减过大的情况下，利用纵波穿透能力强的特点进行纵波斜入射检验。

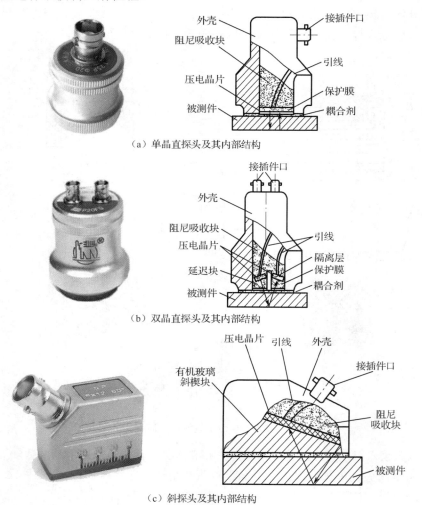

图 3-2-8　超声波探头的结构

超声波探头与被测物接触时，探头与被测物之间存在一空气薄层，这会引起强烈的杂乱反射波，给检测造成干扰，同时会造成很大的衰减。因此，必须将接触面之间的空气排除，使超声波能顺利地入射到被测物中。一般在被测物表面涂抹一层耦合剂，起到排除空气、传递超声波的作用。

在实际应用中，超声波传感器多采用双晶直探头，即一个传感器既可以发射超声波，又可以接收超声波。超声波传感器可以进行非接触式测量，不受外界光及电磁场等因素的干扰，在恶劣的环境中也具有很强的适应能力，因而应用广泛。

此外，根据一些特殊需求，超声波探头还有表面波探头、聚焦探头、冲水探头、水浸探头、空气传导探头、专用探头等多种类型。

（4）超声波传感器的性能指标

选择和评价超声波传感器时主要关注频率特性、指向性、灵敏度和工作温度等指标。

① 频率特性。

发射探头与接收探头的灵敏度均从振子的共振中心频率向两边逐渐降低，常见的共振中心频率有 23kHz、40kHz、75kHz、200kHz、400kHz 等。

当加到振子两端的交流电压频率等于振子的共振中心频率时，探头输出的能量最大，检测灵敏度也最高。应用时一定要用频率接近振子共振中心频率的交流电压来驱动超声波传感器。

② 灵敏度。

探头的灵敏度主要取决于振子的制作材料。压电材料的机电耦合系数大，探头的灵敏度高。

③ 指向性。

超声波有较好的指向性，在遇到两种介质的分界面时能产生明显的反射和折射现象。超声波传感器工作频率越高，指向角就越小，则越适合用于检测。

④ 工作温度。

超声波传感器的工作温度由压电材料的居里温度决定。超声波传感器振子所用材料的居里温度一般较高。一般来讲，工作温度越高，传感器的中心频率、灵敏度、输出声压电平越低。在工作温度波动大的环境中使用超声波传感器时，需要对传感器进行温度补偿。

2. 超声波传感器电路

以分离式反射型应用为例，超声波传感器电路如图 3-2-9 所示。单片机控制电路产生频率为 40kHz 的脉冲电信号，经脉冲发送电路放大后送到发射探头，引起发射探头中的压电晶片产生电致伸缩效应，向外发射超声波。超声波传播至待测物后，反射至接收探头，使接收探头中的压电晶片产生压电效应，从而产生周期性的脉冲电信号，该信号经接收电路放大，再与标准振荡电路产生的脉冲电压信号匹配处理后送至单片机控制电路。

将超声波发射到超声波接收经过的时间 T 和超声波传播速度 C 代入公式 $S = C \times T / 2$，便可计算出传感器与被测物体间的距离 S。

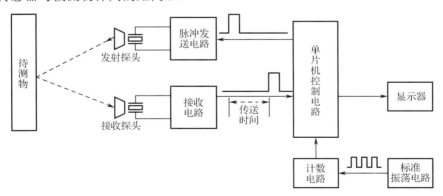

图 3-2-9 超声波传感器电路

想一想

结合超声波传感器电路，简述超声波测距的原理。

3. 超声波传感器的应用

超声波传感器的应用有两种基本类型,即透射型和反射型,如图 3-2-10 所示。

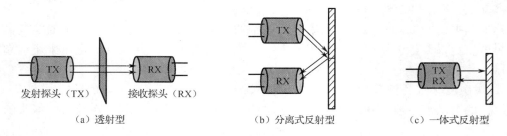

图 3-2-10　超声波传感器应用分类

透射型是指将发射探头和接收探头分别置于被测物体的两侧,一般用于遥控器、防盗报警器、接近开关等。反射型是指将发射探头和接收探头安装在被测物体的一侧,根据发射探头与接收探头是否合为一体又可分为分离式反射型和一体式反射型,一般用于测距、测液位或物位、金属探伤及测量材料厚度等。

（1）超声波报警器

超声波报警器可以判断被探测区域内有无人、动物或其他物体在移动,其控制范围较大,可靠性高,应用广泛。

超声波报警器原理图如图 3-2-11 所示,其工作原理基于超声波的多普勒效应。发射器向被探测区域发射频率为 40kHz 左右的等幅超声波,接收器接收反射回来的超声波。

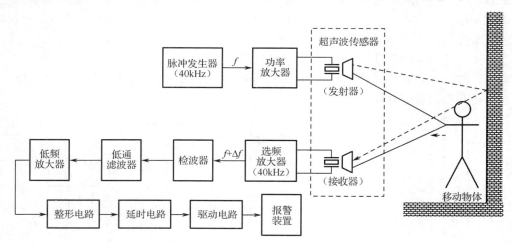

图 3-2-11　超声波报警器原理图

在没有移动物体进入被探测区域时,反射回来的超声波是等幅的。当有移动物体进入被探测区域时,反射回来的超声波不再等幅,如图 3-2-12 所示。其频率偏移量正比于物体移动速度。接收器将接收到的信号转换为低频信号,经放大、整形后,送入延时电路,经过一段时间的延时后,驱动报警装置报警。延时电路能有效地防止因外界短暂干扰（如尖脉冲）信号而产生的误动作。

发射器和接收器放置在不同位置的报警器称为收发分置型超声波报警器,这种报警器检测范围大。发射器和接收器安装在同一壳体内的报警器称为收发合置型超声波报警器,其超声波分布具有一定方向性，一般为面向椭圆形分布区域进行检测。

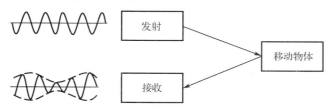

图 3-2-12　传感器发射与接收波形

（2）超声波测厚仪

超声波测厚仪如图 3-2-13 所示，超声波测厚仪主要由探头和主机组成。探头采用双晶探头，主机电路由发射电路、接收电路、单片机处理电路及显示电路组成。

发射电路产生高频信号，通过发射探头转换为超声波信号发射出去。超声波经材料底部反射后被接收电路接收，通过单片机处理电路生成厚度数值后，送往液晶显示器显示。材料越厚，超声波在材料中传播的时间越长，根据传播时间便可测得材料厚度。

超声波测厚仪可测量金属、非金属材料的厚度，具有测量准确、便捷、无污染等优点。

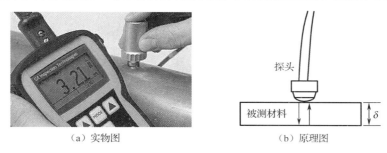

（a）实物图　　　　　　　（b）原理图

图 3-2-13　超声波测厚仪

（3）超声波液位计

超声波液位计如图 3-2-14 所示。超声波液位计由超声波探头、反射小板、电子开关、直筒等组成。超声波探头安装在液罐上方，与罐底的距离固定为 H，与待测液面的距离固定为 h_1；反射小板安装在距离超声波探头 h_0 处，用于液位校准；直筒用来汇集超声波信号，提高测量精度。

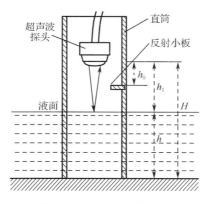

图 3-2-14　超声波液位计

当电子开关触点连接到发射电路时,探头发出的超声波信号在直筒构成的密闭通道内传播;然后电子开关迅速切换到接收电路,超声波遇到被测液面后发生反射,部分反射信号被探头接收并转换成电信号,送至接收电路进行放大、滤波处理,计时电路停止计时。

超声波从发射到反射回来的传播时间与探头到被测液面的距离成正比,计算公式为

$$h_1 = C \times t/2$$

式中,h_1 为超声波探头与液面之间的距离;C 为超声波传播速度;t 为超声波从发射到反射回来的传播时间。将 h_1 代入公式 $h = H - h_1$,即可得到液面高度 h。

(4)倒车雷达

倒车雷达通常由超声波探头(发射器和接收器)、主机、显示器(或蜂鸣器)等部分构成,如图 3-2-15 所示。

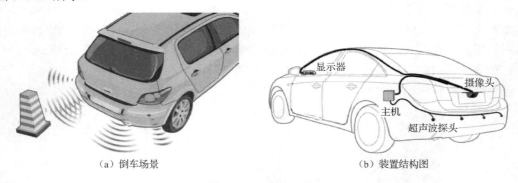

图 3-2-15 倒车雷达

超声波发射器和接收器一般并排安装在汽车尾部,电路部分安装于驾驶室内,两者采用 5m 左右的带状屏蔽电缆连接在一起。使用屏蔽电缆主要是为了屏蔽外界干扰,以避免倒车雷达的电子电路产生误动作。

当汽车倒车时,倒车雷达便开始工作,超声波发射器发射超声波信号,一旦车后方出现障碍物,超声波被障碍物反射,超声波接收器就会接收到反射信号,然后通过主机对反射信号进行处理来判断障碍物所处位置及其和车身之间的距离,最后由显示器显示图像或通过蜂鸣器报警。

倒车雷达系统中为什么要安装多个超声波探头?

(5)超声波探伤仪

超声波探伤属于无损探伤技术,主要用于检测板材、管材、锻件等材料中的缺陷(如裂缝、夹渣、气孔等)。超声波探伤具有检测灵敏度高、速度快、成本低等优点,因而在生产实践中得到了广泛的应用。

超声波探伤仪如图 3-2-16 所示。因被探工件的形状和材质、探伤目的、探伤条件等因素的不同,需要使用不同形式的探头,图中展示的是接触型直探头。

测量时将探头放于被测工件上,并在工件上来回移动检测。探头发出的超声波以一定速度向工件内部传播,如果工件中没有缺陷,则超声波传到工件底部才发生反射,从而产生始

脉冲（T）和底脉冲（R）。如果工件中有缺陷，则一部分超声波在缺陷处反射回来，另一部分超声波继续传至工件底部再发生反射，从而产生始脉冲（T）、底脉冲（R）及缺陷脉冲（F）。通过比较，可以判断工件内是否存在缺陷，以及缺陷的大小、性质和位置。

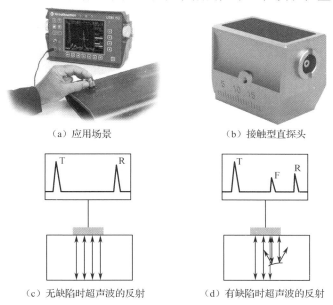

（a）应用场景　　　　　　　　　（b）接触型直探头

（c）无缺陷时超声波的反射　　　　（d）有缺陷时超声波的反射

图 3-2-16　超声波探伤仪

想一想

为什么有缺陷时超声波的反射情况会和无缺陷时有明显的不同？分析两种情况下回波的形成过程。

二、装调智能化停车场管理系统

智能化停车场管理系统的构成如图 3-2-17 所示。

系统采用超声测距的方式检查车位上是否停有车辆。当检测到车位上停有车辆时，车位指示灯显示红色；当检测到车位上没有车辆时，车位指示灯显示绿色。当车辆进入车位时，车位显示牌上的车位数减少；当车辆离开车位时，车位显示牌上的车位数增加。

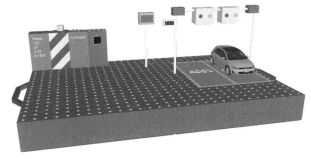

（a）鸟瞰图

图 3-2-17　智能化停车场管理系统的构成

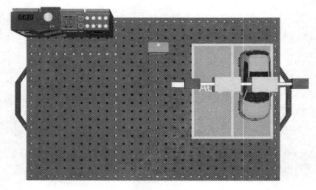

(b) 俯视图

图 3-2-17　智能化停车场管理系统的构成（续）

1. 系统工作原理

超声波测距原理图如图 3-2-18 所示。

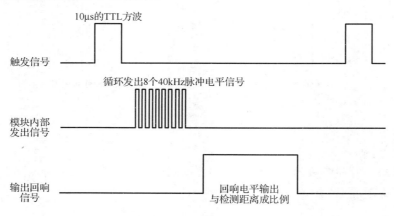

图 3-2-18　超声波测距原理图

接通电源后，通过脉冲触发引脚向超声波测距模块输入一个 10μs 的高电平 TTL 方波；方波输入结束后，模块会自动发出 8 个 40kHz 脉冲电平信号，并迅速将回波引脚由 0 变为 1（切换至高电平），同时启动定时器开始计时；超声波遇到障碍物形成的输出回响信号被模块接收后，回波引脚由 1 变为 0（重新切换回低电平），且停止定时器计时。定时器记录的回波引脚处于高电平的时间即超声波由发射到返回的总时长。根据超声波在空气中的传播速度（344m/s），即可计算出超声波自发射到返回所经历的行程，该行程除以 2 就是所要测的距离，通过该距离判断车位占用情况。

2. 装调过程

（1）检测元器件

智能化停车场管理系统元器件清单见表 3-2-1。将表中元器件准备好后，测试元器件性能是否正常。

任务三　部署智慧交通信息采集系统

表 3-2-1　智能化停车场管理系统元器件清单

序　号	名　　称	型号/规格	数　量
1	超声波测距传感器	—	2
2	车位显示模块套件	—	2
3	OLED 显示模块	SSD1306/12864/0.96 英寸	1
4	控制器	ATMEGA2560	1
5	车位标志条	—	2
6	模拟车辆	—	2
7	车位门架	—	1
8	电源	12V/5V/30W	1
9	万用表	—	1
10	示波器	—	1
11	导线	—	若干

（2）装调系统

智能化停车场管理系统模块外形图如图 3-2-19 所示。

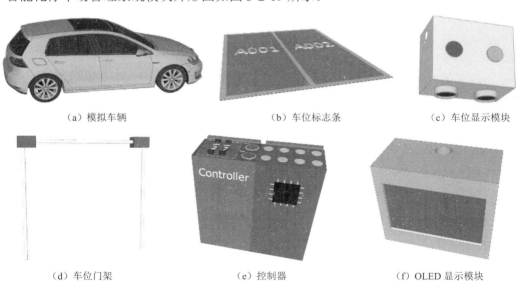

（a）模拟车辆　　　　（b）车位标志条　　　　（c）车位显示模块

（d）车位门架　　　　（e）控制器　　　　（f）OLED 显示模块

图 3-2-19　智能化停车场管理系统模块外形图

① 装配车位显示模块套件。
步骤一：将车位显示模块套件按照装配图进行焊接、装配。
步骤二：将车位显示模块电路板与控制器连接起来。
② 搭建系统。
步骤一：搭建停车场环境，安装车位标志条。
步骤二：安装车位门架和超声波测距传感器。
步骤三：安装控制器和 OLED 显示模块。

步骤四：将超声波测距传感器、OLED 显示模块连接到控制器。

③ 调试系统。

步骤一：将控制器上的项目拨码开关设置为 3，活动拨码开关设置为 2。

步骤二：通电运行系统，调整超声波测距传感器灵敏度。

步骤三：设置停车场车位信息。

步骤四：模拟车辆停放过程，观察系统工作情况。

步骤五：使用示波器观察超声波接收探头的频率信号。

④ 注意事项。

（a）发射模块和接收模块之间应有一定的距离，如果距离太近，接收模块可能无法接收到发射模块的信号，从而导致测距失败。

（b）模块有 2cm 的盲区，注意避让。

（c）模块供电电压范围为 3～5.5V。

想一想

该系统可以采用什么传感器来代替超声波传感器检测车位信息？

活动总结

本活动以装调智能化停车场管理系统为目标，对智能化停车场管理系统的作用、组成、结构，以及系统中超声波传感器的安装方法和系统工作过程进行了介绍。

本活动对超声波的概念和特性，以及超声波传感器的组成、结构、工作原理、性能指标、电路进行了详细说明。超声波传感器利用超声波的特性研制而成，由发射探头和接收探头构成。发射探头中的压电晶片在电压的激励下发生电致伸缩效应，产生超声波向外发射；接收探头基于压电晶片的压电效应，将接收到的超声波转换成电荷，实现超声波感知。

活动测试

一、填空题

1．超声波超出了人耳听觉范围，其频率大于_____，遇到杂质或分界面会发生反射，形成_____。

2．超声波发射探头利用_____效应，是一种将_____能转换为_____能的装置；超声波接收探头利用_____效应，是一种将_____能转换为_____能的装置。

3．超声波具有很好的_____、在两介质的分界面上发生_____和_____的能力，较强的_____性。

4．从发射探头的引脚输入_____时，压电晶片会发生变形而产生振动，振动频率在_____以上，由此形成超声波。

5．超声波传感器的应用有两种基本类型，即_____和_____。

6．超声波传感器对物位的测量是根据超声波在分界面上的_____特性而进行的。

二、选择题

1. 下列对超声波的描述中不正确的是（　　）。
   a. 超声波频率高、波长小
   b. 超声波绕射能力强、方向性好
   c. 超声波的穿透能力很强，在固体中可穿透几十米

2. 超声波接收探头基于压电晶片的_____，在超声波的作用下将_____转换为_____。（　　）
   a. 压电效应　　　　电能　　　　机械能
   b. 电致伸缩效应　　机械能　　　电能
   c. 压电效应　　　　机械能　　　电能
   d. 电致伸缩效应　　电能　　　　机械能

3. 超声波频率极高，波长小，能量集中，具有很好的指向性。下列不是描述超声波指向性的选项是（　　）。
   a. 超声波的束射性
   b. 超声波的定向性
   c. 超声波能在均匀介质中按直线方向传播
   d. 超声波在两介质的分界面上将发生反射和折射

4. 下列描述中不正确的是（　　）。
   a. 超声波可以在空气、液体和固体中传播
   b. 超声波探头不能与被测物相接触
   c. 超声波束在不同介质的交界面上发生折射、反射及散射等现象时，主声束方向上的能量减弱
   d. 当超声波波长远远小于传感器探头的直径时，超声波的方向性更为明显，显现出很强的穿透能力

5. 进行工件近表面缺陷检测应采用（　　）。
   a. 单晶直探头　　　　　　　　　　b. 双晶直探头
   c. 斜探头　　　　　　　　　　　　d. 以上三种探头均可

6. 将发射探头和接收探头分别置于被测物体两侧的是（　　）超声波传感器。
   a. 透射型　　　b. 反射型　　　c. 分离式反射型　　　d. 一体式反射型

7. 下列不属于反射型超声波传感器应用的是（　　）。
   a. 接近开关　　b. 测量材料厚度　　c. 防盗报警器　　d. 遥控器

8. 关于超声波传感器应用案例的描述错误的是（　　）。
   a. 超声波报警器通过检测反射回来的超声波信号的幅度和频率变化来判断是否出现活动目标
   b. 超声波测厚仪根据超声波在板材中的传播时间来计算材料厚度
   c. 超声波液位计的液位测量原理与超声波测厚仪的厚度测量原理大体相同
   d. 超声波探伤仪只能采用接触式直探头

9. 超声波传感器单晶直探头利用超声波的（　　）特性测量材料厚度。
   a. 投射　　　b. 折射　　　c. 反射　　　d. 衰减

活动三　装调防酒驾系统

驾驶员酒后开车行为直接危害自己和他人生命安全乃至公共交通安全，防止酒驾是交通管理和监控中的一个重要部分。在智慧交通系统中配置防酒驾系统，可以有效地防止酒后驾驶行为。防酒驾系统如图 3-3-1 所示。

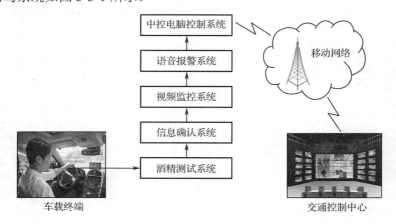

图 3-3-1　防酒驾系统

酒精测试系统安装在驾驶座前方的方向盘附近，用于检测驾驶员呼出气体中的酒精含量。信息确认系统收集驾驶员体表特征信息，对驾驶员是否存在酒驾的情况进行判断，根据判断结果决定是否正常启动汽车。视频监控系统实时采集车内情况并传送至中控电脑控制系统和语音报警系统。中控电脑控制系统通过移动网络与交通控制中心进行信息交互。酒精测试系统的主要部件是酒精测试仪。常用酒精测试仪如图 3-3-2 所示。酒精测试仪的关键部件是气敏传感器。

图 3-3-2　常用酒精测试仪

一、认知气敏传感器

气敏传感器能将检测到的气体类别、成分和浓度转换成电信号，由此获得被测气体的相关信息，实现检测、监控、报警功能。气敏传感器组成框图如图 3-3-3 所示。

图 3-3-3　气敏传感器组成框图

下面以烧结型气敏传感器为例介绍气敏传感器的内部结构,如图 3-3-4 所示。这种传感器是将测量电极和加热器埋在金属氧化物气敏材料中,经加热成形后低温烧结而成的。目前最常用的是氧化锡(SnO_2)烧结型气敏传感器。

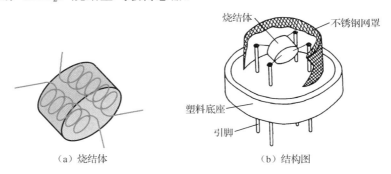

图 3-3-4　烧结型气敏传感器内部结构

1. 气敏传感器简介

(1) 气敏传感器的结构

由于被测气体种类繁多,性质各不相同,因此气敏传感器的种类也很多。如图 3-3-5 所示为气敏传感器实物图。

图 3-3-5　气敏传感器实物图

(2) 气敏传感器的分类

气敏传感器种类繁多。近年来,随着半导体材料和加工技术的迅速发展,实际应用最多的是半导体气敏传感器。半导体气敏传感器按照半导体与气体的相互作用是在表面还是在内部可分为表面控制型和体控制型两类;按照半导体变化的物理特性,半导体气敏传感器可分为电阻式和非电阻式。电阻式半导体气敏传感器具有灵敏度高、体积小、价格低、使用及维修方便等特点,因此被广泛使用。各种半导体气敏传感器的性能比较见表 3-3-1。

表 3-3-1　各种半导体气敏传感器的性能比较

分　类	主要物理特性	类　型	气 敏 元 件	检 测 对 象
电阻式	电阻	表面控制型	SnO_2、ZnO 等的烧结体、薄膜、厚膜	可燃性气体
电阻式	电阻	体控制型	$La_{1-x}SrCoO_3$、$T-Fe_2O_3$、氧化钛（烧结体）、氧化镁、SnO_2	酒精、可燃性气体、氧气
非电阻式	二极管整流特性	表面控制型	铂-硫化镉、铂-氧化钛（金属-半导体结型场效应管）	氢气、一氧化碳、酒精
非电阻式	晶体管特性		铂栅、钯栅 MOS 场效应管	氢气、硫化氢

（3）气敏传感器的工作原理

目前实际使用的大多为电阻式半导体气敏传感器，本活动主要介绍此类传感器。

电阻式半导体气敏传感器简称气敏电阻，其核心部分是金属氧化物半导体。当半导体被加热到稳定状态时，气体接触半导体表面而被吸附，被吸附的气体分子在半导体表面扩散，一部分被蒸发掉，另一部分因发生热分解而形成化学吸附。当半导体分子的亲和力小于吸附分子的亲和力时，吸附分子将从半导体夺得电子而形成负离子吸附，这类气体被称为氧化型气体或电子接收性气体，如 O_2。如果半导体的亲和力大于吸附分子的亲和力，吸附分子将向半导体释放电子而形成正离子吸附，这类气体被称为还原型气体或电子供给性气体。

当氧化型气体被吸附到 N 型半导体上，或还原型气体被吸附到 P 型半导体上时，将使半导体载流子减少，电阻值增大。当还原型气体被吸附到 N 型半导体上，或氧化型气体被吸附到 P 型半导体上时，将使半导体载流子增多，电阻值减小。而且，当气体浓度发生变化时，其阻值也将变化。所以，根据半导体阻值的变化可以判断吸附气体的种类和浓度。

气敏传感器工作时必须加热，一般加热至 200～400℃。加热的目的是加速气体吸附和脱出，烧去气敏元件表面的污垢，提高其灵敏度和响应速度。不同的加热温度对不同的被测气体有选择作用。为了进一步提高气敏传感器对某些气体成分的选择性，有的半导体材料中还掺入了催化剂，如钯（Pd）、铂（Pt）、银（Ag）等，添加的物质不同，能检测的气体也不同。

（4）气敏传感器的加热方式

气敏传感器的加热方式有直热式和旁热式两种，因而形成了直热式和旁热式气敏传感器。直热式气敏传感器是将加热丝、测量丝直接埋入 SnO_2、ZnO 粉末中烧结而成的，其结构如图 3-3-6 所示，工作时加热丝通电，测量丝用于测量器件阻值。

把加热丝放置在陶瓷绝缘管内，在管外涂上梳状电极作为测量极，再在电极外涂上气敏半导体材料，就构成了旁热式气敏传感器，其结构如图 3-3-7 所示。

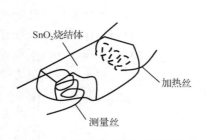

图 3-3-6　直热式气敏传感器的结构

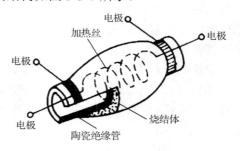

图 3-3-7　旁热式气敏传感器的结构

直热式气敏传感器制造工艺简单、成本低、功耗小，可以在高电压回路中使用。它的缺点是热容量小，易受环境气流的影响，测量电路与加热电路相互干扰，加热丝在加热与不加热两种情况下产生膨胀与冷缩，容易造成器件接触不良。

旁热式气敏传感器克服了直热式结构的缺点，使测量极和加热极分离，而且加热丝不与气敏材料接触，避免了测量回路和加热回路的相互影响；器件热容量大，降低了环境温度对器件加热温度的影响，所以其稳定性、可靠性比直热式气敏传感器好。

简述电阻式半导体气敏传感器的工作原理。

2．气敏传感器相关电路

（1）测量电路

气敏传感器测量电路如图 3-3-8 所示。测量电路中有两组电源，一组为加热回路电源，另一组为测量回路电源。在实际应用中，一般采用一组电源同时为加热回路和测量回路供电。

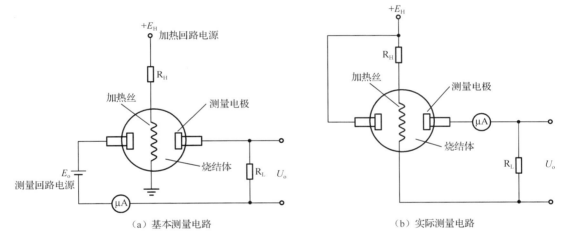

图 3-3-8　气敏传感器测量电路

（2）温度补偿电路

气敏传感器的电阻值与温度和湿度有关。当温度和湿度较低时，气敏传感器的电阻值较大；温度和湿度较高时，气敏传感器的电阻值较小。因此，即使气体浓度相同，气敏传感器的电阻值也会不同，需要进行温度补偿。

常用的温度补偿电路如图 3-3-9 所示。在比较器 IC 的反相输入端接入负温度系数的热敏电阻 RT。当温度降低时，气敏传感器 AF30L 的电阻值增大，RT 的电阻值也增大，使比较器的基准电压减小；当温度升高时，气敏传感器的电阻值减小，RT 的电阻值也减小，使比较器的基准电压增大，从而达到温度补偿的目的。

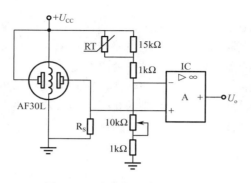

图 3-3-9　常用的温度补偿电路

气敏传感器为什么需要加热回路？

3. 气敏传感器的应用

气敏传感器主要用于易燃、易爆、有毒、有害气体的检测，实现预报和自动控制功能。

（1）瓦斯报警器

瓦斯报警器主要用来检测瓦斯主要成分甲烷的浓度，在矿井中使用较多，它由探测器和控制器两部分组成，如图 3-3-10 所示。其中，探测器的主要部件是气敏传感器。通过探测器对甲烷浓度进行检测，控制器接收检测结果并显示出来，一旦甲烷浓度超过报警点，便进行报警。

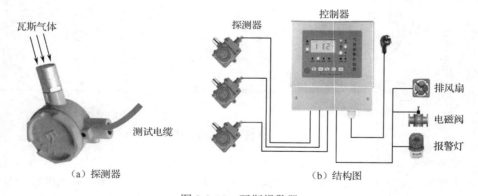

图 3-3-10　瓦斯报警器

（2）家用燃气报警器

家用燃气报警器是检测家庭厨房天燃气浓度的报警装置，如图 3-3-11 所示。它由气敏传感器和电位器 RP 组成气体检测电路，时基电路 555 及其外围元件组成多谐振荡器，如图 3-3-11 (b)所示。调节电位器，可设定天然气浓度的上限值。当无燃气泄漏时，气敏传感器 A、B 之间的电导率很小，电位器滑动触点的输出电压小于 0.7V，555 集成电路的 4 脚被强行复位，振荡器处于不工作状态，报警器不发声。当周围空气中有天然气，且其浓度超过设定值时，气敏传感器 A、B 之间的电导率迅速增大，555 集成电路的 4 脚变为高电平，振荡器起振，报警器开始报警，提醒人们采取相应的措施，以防止事故发生。

（a）实物图

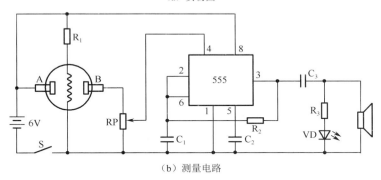

（b）测量电路

图 3-3-11　家用燃气报警器

（3）汽车尾气检测仪

汽车尾气检测仪是一种用来检测汽车尾气中各种气体含量的设备，如图 3-3-12 所示。使用时启动停在路边的汽车，将测试管插入汽车排气管中，由安装在检测设备内的气敏传感器检测汽车尾气中的各种气体含量，通过显示仪显示检测结果，通过打印机打印出纸质结果。

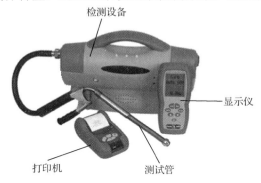

图 3-3-12　汽车尾气检测仪

（4）火灾烟雾传感器

火灾烟雾传感器通常为无线报警器，常用于消防管理、安全防范系统中。火灾烟雾传感器如图 3-3-13 所示。它可以安装在天花板上或者墙面上。

图 3-3-13　火灾烟雾传感器

当火灾烟雾传感器处于工作状态时,工作指示灯每隔一段时间闪烁一次,表示传感器工作正常。当探测到初期明火或者烟雾达到一定浓度时,传感器发出报警信号。

二、装调防酒驾系统

本活动将完成防酒驾系统的装调,防酒驾系统的构成如图 3-3-14 所示。

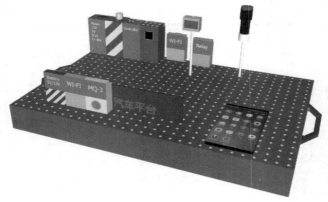

(a)鸟瞰图

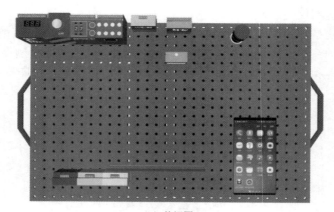

(b)俯视图

图 3-3-14　防酒驾系统的构成

1. 系统工作原理

MQ 系列气敏传感器可检测一氧化碳、酒精、天然气、氢气、烟雾等的浓度,这里使用 MQ-3 酒精浓度气敏传感器,如图 3-3-15 所示。其中,2、5 引脚为加热电路端,1、3、4、6 引脚为测试端,R_l 是负载电阻。

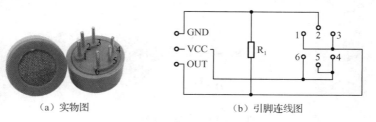

(a)实物图　　　　　　　　(b)引脚连线图

图 3-3-15　MQ-3 酒精浓度气敏传感器

图 3-3-16 为酒精浓度测试模块电路图,气敏传感器的电阻值随着酒精浓度的变化而变化,输出的电压信号通过电压比较电路转换为数字信号,触发报警器报警。

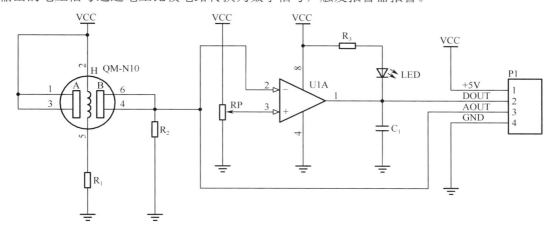

图 3-3-16 酒精浓度测试模块电路图

2. 装调过程

（1）检测元器件

防酒驾系统元器件清单见表 3-3-2。将表中元器件准备好后,测试元器件性能是否正常。

表 3-3-2 防酒驾系统元器件清单

序 号	名 称	型号/规格	数 量
1	酒精浓度气敏传感器套件	—	1
2	OLED 显示模块	SSD1306/12864/0.96 英寸	1
3	声光报警器	22sm/12V	1
4	控制器	ATMEGA2560	1
5	继电器	松乐 SRD/12V	1
6	4 路 A/D 转换模块	ADS1118	1
7	Wi-Fi 模块	ESP8266	1
8	电源	12V/5V/30W	1
9	万用表	—	1
10	导线	—	若干

（2）装调系统

防酒驾系统模块外形图如图 3-3-17 所示。

① 装配酒精浓度气敏传感器套件。

步骤一：将酒精浓度气敏传感器套件按照装配图进行焊接、装配。

步骤二：将酒精浓度气敏传感器电路板与控制器和声光报警器连接起来。

② 搭建系统。

步骤一：安装控制器和 OLED 显示模块。

步骤二：安装酒精浓度测试模块，DOUT 输出端连接到控制器，AOUT 输出端连接到

4 路 A/D 转换模块，4 路 A/D 转换模块连接到控制器。
步骤三：将 Wi-Fi 模块连接到控制器。

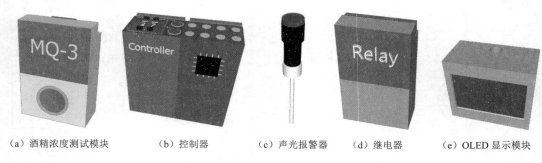

（a）酒精浓度测试模块　　（b）控制器　　（c）声光报警器　　（d）继电器　　（e）OLED 显示模块

图 3-3-17　防酒驾系统模块外形图

③ 调试系统。
步骤一：将控制器上的项目拨码开关设置为 3，活动拨码开关设置为 3。
步骤二：接通电源，运行系统。
步骤三：用万用表测量气敏传感器测试端电阻值。
步骤四：将气敏传感器放在无被测气体的地方，顺时针调节电位器，直到指示灯亮，然后逆时针转半圈，使指示灯不亮。如果用气敏传感器接近被测气体，指示灯亮；离开被测气体，指示灯熄灭，就证明气敏传感器是好的。
步骤五：调节酒精测试模块灵敏度，对气敏传感器进行标定。
步骤六：将 Wi-Fi 模块连接到无线网，在手机中安装监控 App，利用 App 监控实时酒驾信息。

④ 注意事项。
（a）传感器应通电 20s 后再测量数据，这样所测数据才准确。
（b）传感器发热属于正常现象，但发烫则不正常。

想一想

如何调节气敏传感器的灵敏度？

活动总结

本活动以装调防酒驾系统为目标，对防酒驾系统的作用、组成、结构进行了简单描述。

本活动对气敏传感器的组成、结构、工作原理、测量电路及应用进行了详细介绍。气敏传感器能将检测到的气体类别、成分和浓度转换成电信号，由此获得被测气体的相关信息，实现检测、监控、报警功能。气敏传感器分为电阻式和非电阻式，目前用得比较多的是电阻式气敏传感器。

气敏传感器的测量电路中有两组电源，一组为加热回路电源，另一组为测量回路电源。在实际应用中，一般采用一组电源同时为加热回路和测量回路供电。

本活动采用模块搭接的方式模拟防酒驾系统，涉及系统工作原理及装调过程等内容。

任务三　部署智慧交通信息采集系统

活动测试

一、填空题

1．气敏传感器是一种将检测到的_____、_____、_____转换成电信号的传感器。
2．按照半导体变化的物理特性，半导体气敏传感器可分为_____和_____。
3．电阻式半导体气敏传感器利用_____的改变来反映被测气体的浓度。
4．气敏传感器内的_____使气敏传感器工作在高温状态，加速_____和氧化_____，以提高_____和_____。
5．气敏传感器的基本测量电路中有两组电源，一组是_____，用来_____；另一组是_____，用来_____。
6．气敏传感器采用加热丝加热的目的是_____。
7．气敏传感器的电阻值与_____和_____有关，因此需要进行_____，以消除它们的影响。
8．气敏传感器有_____和_____两种加热方式。
9．在半导体材料中掺入催化剂，可以提高气敏传感器对某些气体成分的_____。

二、选择题

1．气敏传感器通常采用（　　）材料。
　a．金属　　　　　　　b．半导体　　　　　　c．绝缘体
2．加快气体反应速度最关键的部件是（　　）。
　a．敏感元件　　　　　b．加热丝　　　　　　c．催化剂
3．检测气体浓度的传感器是（　　）。
　a．电容传感器　　　　b．气敏传感器　　　　c．超声波传感器
4．针对不同的被测气体，掺入不同的（　　）可提高气敏传感器的选择性和灵敏度。
　a．催化剂　　　　　　b．加热丝
5．气敏传感器广泛应用于（　　）。
　a．防灾报警　　　　　b．温度测量　　　　　c．液位测量
6．大气污染监测采用（　　）传感器。
　a．热敏　　　　　　　b．光敏　　　　　　　c．气敏

环节三　分析计划

　　本环节将对任务进行认真分析，形成简易计划书。简易计划书包括鱼骨图、"人料机法环"一览表和相关附件。

1. 鱼骨图

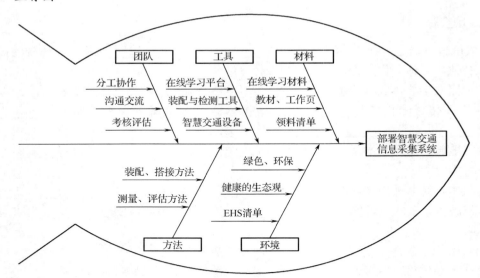

2. "人料机法环"一览表

人　员	
教师发布如下任务： ● 安装一套智慧交通信息采集系统 ● 运行智慧交通信息采集系统 以小组为单位完成任务，角色分配和任务分工与完成追踪表见附件 1	
材　料	仪器/工具
● 讲义、工作页 ● 在线学习资料 ● 材料图板 ● 领料清单（看板教学的卡片），具体见附件 2	● 依据在信息收集环节中学习到的知识，准备需要的工具和机器装备 ● 在线学习平台 ● 工具清单（看板教学的卡片），具体见附件 3
方　法	环境/安全
● 依据在信息收集环节中学习到的技能，参考控制要求选择合理的调试流程 ● 制定 1~3 种方法，流程图见附件 4	● 绿色、环保的社会责任 ● 可持续发展的理念 ● 健康的生态观 ● EHS 清单（看板教学的卡片）

附件1：角色分配和任务分工与完成追踪表。

序　号	任务内容	参加人员	开始时间	完成时间	完成情况

附件2：领料清单。

序　号	名　　称	单　位	数　量

附件3：工具清单。

序　号	名　　称	单　位	数　量

附件4：流程图。

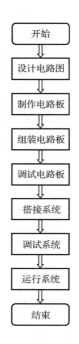

环节四　任务实施

任务实施前，应参考分析计划环节的内容，全面核查人员分工、材料、工具是否到位，确认系统调试流程和方法，熟悉操作要领。

任务实施过程中，应认真记录每个学生完成任务的情况，严格落实 EHS 的各项规程，填写下面的 EHS 落实追踪表。

EHS 落实追踪表			
	通用要素摘要	本次任务要求	落实评价
环境	评估任务对环境的影响		
	减少排放与有害材料		
	确保环保		
	5S 达标		
健康	配备个人劳保用具		
	分析工业卫生和职业危害		
	优化人机工程		
	了解简易急救方法		
安全	安全教育		
	危险分析与对策		
	危险品注意事项		
	防火、逃生意识		

任务三　部署智慧交通信息采集系统

任务结束后，应严格按照 5S 要求进行收尾工作。

环节五　检验评估

1. 任务检验

对任务成果进行检验，完成下面的检验报告。

序　号	检验（测试）项目	记　录　数　据	是　否　合　格
			合格（　）/不合格（　）
			合格（　）/不合格（　）
			合格（　）/不合格（　）
			合格（　）/不合格（　）
			合格（　）/不合格（　）
			合格（　）/不合格（　）
			合格（　）/不合格（　）
			合格（　）/不合格（　）
			合格（　）/不合格（　）
			合格（　）/不合格（　）

2. 教学评价

利用评价系统完成教学评价。

附录 A

传感器应用专项职业能力考核规范

一、定义

运用电子电路仪器设备,在传感器安装调试场所,具有对传感器进行安装和检测的能力。

二、适用对象

运用或准备运用本项能力求职、就业的人员。

三、能力标准与鉴定内容

能力名称：传感器应用		职业领域：	
工作任务	操作规范	相关知识	考核比重
(一) 选用 传感器	1. 能识别常用传感器 2. 能根据所需测量的物理量选用合适的传感器	1. 传感器的构成与分类 2. 传感器基本特性 3. 敏感材料基本概念 4. 敏感材料特性和用途	20%
(二) 检测与调试 结构型 传感器	1. 能分析相关的测量电路 2. 能检测和调试电感式传感器 3. 能检测和调试电容式传感器 4. 能检测和调试电涡流式传感器 5. 能检测和调试磁电式传感器 6. 能检测和调试应变电阻式传感器	1. 万用表、频率计、示波器的使用方法 2. 结构型传感器的原理、结构形式和相关的测量电路 3. 结构型传感器的主要性能和维护方法 4. 结构型传感器操作的安全注意事项	35%
(三) 检测与调试 物性型 传感器	1. 能分析相关的测量电路 2. 能检测和调试霍尔传感器 3. 能检测和调试热电偶传感器 4. 能检测和调试热敏电阻传感器 5. 能检测和调试半导体(PN 结)温度传感器 6. 能检测和调试湿敏传感器 7. 能检测和调试气敏传感器 8. 能检测和调试压电传感器 9. 能检测和调试压阻式传感器 10. 能检测和调试光敏三极管传感器	1. 万用表、频率计、示波器的使用方法 2. 物性型传感器的原理、结构形式和相关的测量电路 3. 物性型传感器的主要性能和维护方法 4. 物性型传感器操作的安全注意事项	35%
(四) 安装 传感器	1. 能识读传感器接线图 2. 能按传感器的接线要求安装连接传感器	各种接线图的识读方法	10%

四、鉴定要求

（一）申报条件

达到法定劳动年龄，具有相应技能的劳动者均可申报。

（二）考评员构成

考评员应具备一定的传感器应用专业知识及实际操作经验，每个考评组中不少于 3 名考评员。

（三）鉴定方式与鉴定时间

技能操作考核采取实际操作考核。技能操作考核时间为 90 分钟。

（四）鉴定场地、设备要求

具有不同实验功能的传感器实验平台的鉴定室。

附录 B

电子装接专项职业能力考核规范

一、定义

利用掌握的电子知识，对电子产品进行装配、检测与维护的能力。

二、适合对象

达到法定劳动年龄，具有相应技能的劳动者均可申报。

三、能力标准与鉴定内容

能力名称：电子装接		职业领域：	
工作任务	操作规范	相关知识	考核比重
（一）认识电子元器件和基本电路	1. 能识别电阻、电位器、电容、电感、晶体管、中频变压器、电声器件、磁性元件、磁头、磁带等元器件 2. 能计算电阻、电感、电容各自的串、并联	1. 掌握电压、电流、电功率、电阻、电感、电容概念及单位 2. 掌握二极管、三极管基本工作原理 3. 掌握整流、滤波、稳压、放大、振荡等电路简单工作原理及基本电路 4. 掌握脉冲微分、积分、触发、分频电路基本概念 5. 掌握箝位、限幅电路概念 6. 掌握二极管、三极管开关特性 7. 掌握单稳、双稳、多谐、锯齿波电路作用及简单工作原理 8. 掌握常见脉冲波形及各种参数意义 9. 掌握基本逻辑门电路（与、或、非）的功能、概念、符号及逻辑表达式	20%
（二）掌握电子产品装配工艺	能看懂产品的装接工艺文件、接线图、装配图、电原理图和扎线图等	1. 掌握常用助焊剂、焊料种类、作用、保管方法、表面类别、符号识别和维护方法 2. 掌握元器件装配焊接、焊点的主要技术要求 3. 掌握焊接的必要条件和注意事项，以及零部件、紧固件、开关、接头座和电路板等的装配要点	20%
（三）完成电子产品的装配和检测	1. 能进行元件、器件（如电阻、电感、电容、晶体管、集成电路等）的装配前准备（筛选及检测） 2. 能进行整机装配 3. 能进行装接质量检测，排除一般故障	装配技术及电子产品维修保养技术	60%

四、鉴定要求

（一）申报条件

达到法定劳动年龄，具有相应技能的劳动者均可申报。

（二）考评员构成

考评组可由家用电子产品维修工考评员组成，每个考评组中不少于 3 名考评员。

（三）鉴定方式与鉴定时间

鉴定方式：分应知理论知识考试与技能操作考核两项，采用百分制，两项皆达到 60 分及以上为合格。技能操作考核采用装调一个基本的电子电路的方式考核。

鉴定时间：理论知识考试时间为 60 分钟，技能操作考核时间为 120 分钟。

（四）鉴定场地、设备要求

1. 主要设备、工具
（1）常用电工工具
（2）常用装接工具
（3）常用调试工具
（4）小型生产流水线（一套）
（5）调试流水线（测试台）
（6）自动插件设备
（7）各类无线电信号发生器
（8）交直流稳压电源

2. 检测量具、仪器
（1）常用电工测量仪器
（2）示波器
（3）各类元件、器件测量仪器

附录 C
化工仪表维修工国家职业标准

1.职业概况

1.1 职业名称

化工仪表维修工。

1.2 职业定义

从事化工仪表、分析仪器维护、检修、校验、安装、调试和投入运行的人员。

1.3 职业等级

本职业共设五个等级，分别为：初级（国家职业资格五级）、中级（国家职业资格四级）、高级（国职业资格三级）、技师（国家职业资格二级）、高级技师（国家职业资格一级）。

1.4 职业环境

室内、室外，常温，存在一定的有毒有害物质、噪声和烟尘。

1.5 职业能力特征

具有一定的学习、理解、分析判断和表达能力；四肢灵活，动作协调；嗅觉、听觉、视觉及形体知觉正常；能高空作业。

1.6 基本文化程度

高中毕业（含同等学历）。

1.7 培训要求

1.7.1 培训期限

全日制职业学校教育，根据其培养目标和教学计划确定。晋级培训期限：初级不少于360标准学时；中级不少于300标准学时；高级不少于240标准学时；技师、高级技师不少于200标准学时。

1.7.2 培训教师

培训初级、中级的教师应具有本职业高级及以上职业资格证书；培训高级的教师应具有本职业技师职业资格证书或本专业中级及以上专业技术职务任职资格；培训技师的教师应具有本职业高级技师职业资格证书或本专业高级专业技术职务任职资格；培训高级技师的教师应具有本职业高级技师职业资格证书3年以上或本专业高级专业技术职务任职资格3年以上。

1.7.3 培训场地设备

理论知识培训场所应为可容纳20名以上学员的标准教室。实际操作培训场所应为具有本职业必备设备的场所。

1.8 鉴定要求

1.8.1 适用对象。

从事或准备从事本职业的人员。

1.8.2 申报条件

——初级（具备以下条件之一者）

（1）经本职业初级正规训练达规定标准学时数，取得结业证书。

（2）在本职业连续见习工作2年以上。

（3）在本职业学徒期满。

——中级（具备以下条件之一者）

（1）取得本职业初级职业资格证书后，连续从事本职业工作2年以上，经本职业中级正规培训达规定标准学时数，并取得结业证书。

（2）取得本职业或相关职业初级职业资格证书后，连续从事本职业工作4年以上。

（3）取得与本职业相关职业中级职业资格证书后，连续从事本职业工作2年以上。

（4）连续从事本职业工作6年以上。

（5）取得经劳动保障行政部门审核认定的、以中级技能为培养目标的中等以上职业学校本职业（专业）毕业证书。

——高级（具备以下条件之一者）

（1）取得本职业中级职业资格证书后，连续从事本职业工作3年以上，经本职业高级正规培训达规定标准学时数，并取得结业证书。

（2）取得本职业中级职业资格证书后，连续从事本职业工作5年以上。

（3）取得高级技工学校或经劳动保障行政部门审核认定的、以高级技能为培养目标的高等职业学校本职业（专业）毕业证书。

（4）大专及以上本专业或相关专业毕业生，连续从事本职业工作2年以上。

——技师（具备以下条件之一者）

（1）取得本职业高级职业资格证书后，连续从事本职业工作3年以上，经本职业技师正规培训达规定标准学时数，并取得结业证书。

（2）取得本职业高级职业资格证书后，连续从事本职业工作5年以上。

（3）高级技工学校或经劳动保障行政部门审核认定的、以高级技能为培养目标的高等职业学校本职业（专业）毕业生，取得本职业高级职业资格证书后，连续从事本职业工作2年以上。

（4）大专及以上本专业或相关专业毕业生，取得本职业高级职业资格证书后，连续从事本职业工作2年以上。

——高级技师（具备以下条件之一者）

（1）取得本职业技师职业资格证书后，连续从事本职业工作3年以上，经本职业高级技师正规培训达规定标准学时数，并取得结业证书。

（2）取得本职业技师职业资格证书后，连续从事本职业工作5年以上。

（3）大专及以上本专业或相关专业毕业生，取得本职业技师职业资格证书后，连续从事本职业工作2年以上。

1.8.3 鉴定方式

分为理论知识考试和技能操作考核。理论知识考试采用闭卷笔试，技能操作考核采用实际操作方式进行。理论知识考试和技能操作考核均采用百分制，成绩皆达60分以上者为合格。技师、高级技师还需进行综合评审。

1.8.4 考评人员与考生配比

理论知识考试为 1∶20，每个标准教室不少于 2 名考评人员；技能操作考核为 1∶3，且不少于 3 名考评员；综合评审委员会成员不少于 5 人。

1.8.5 鉴定时间

理论知识考试时间不少于 90 分钟；技能操作考核按考核内容确定时间，但不能少于 60 分钟；综合评审不少于 30 分钟。

1.8.6 鉴定场所、设备

理论知识考试在标准教室内进行。技能操作考核场所应具有相应类别的仪表、控制系统、调试设备和工具等，操作场所应符合环保、安全等要求。

2. 基本要求

2.1 职业道德

2.1.1 职业道德基本知识

2.1.2 职业守则

（1）爱岗敬业，忠于职守。

（2）按章操作，确保安全。

（3）认真负责，诚实守信。

（4）遵规守纪，着装规范。

（5）团结协作，相互尊重。

（6）节约成本，降耗增效。

（7）保护环境，文明生产。

（8）不断学习，努力创新。

2.2 基础知识

2.2.1 基本理论知识

（1）电工学基础知识。

（2）电子学基础知识。

（3）计算机应用基础知识。

（4）机械制图基础知识。

（5）化学分析基础知识。

（6）环境保护知识。

（7）化工工艺知识。

（8）误差理论知识。

2.2.2 专业理论知识

（1）过程检测仪表知识。

（2）过程控制仪表知识。

（3）自动控制系统知识。

2.2.3 安全及环境保护知识

（1）防火、防爆、防腐蚀、防静电、防中毒知识。

（2）安全技术规程。

（3）环保基础知识。

(4) 废水、废气、废渣的性质、处理方法和排放标准。
(5) 压力容器的操作安全知识。
(6) 高温高压、有毒有害、易燃易爆、冷冻剂等特殊介质的特性及安全知识。
(7) 现场急救知识。

2.2.4 消防知识
(1) 物料危险性及特点。
(2) 灭火的基本原理及方法。
(3) 常用灭火设备及器具的性能和使用方法。

2.2.5 相关法律、法规知识
(1) 劳动法相关知识。
(2) 计量法相关知识。
(3) 职业病防治法相关知识。
(4) 安全生产法及化工安全生产法规相关知识。
(5) 化学危险品管理条例相关知识。

3. 工作要求

本标准对初级、中级、高级、技师和高级技师的知识和技能要求依次递进,高级别涵盖低级别的要求。

3.1 初级

职业功能	工作内容	技能要求	相关知识
一、化工仪表维修	(一) 维修前的准备	1. 能识读带控制点的工艺流程图 2. 能识读自控仪表外部接线图 3. 能根据仪表维护需要选用工具、器具 4. 能根据仪表维护需要选用标准仪器 5. 能根据仪表维护需要选用所需材料	1. 工艺生产过程和设备基本知识 2. 自控仪表图例符号的表示与含义 3. 标准仪器的使用方法及注意事项 4. 工具、器具的使用方法及注意事项 5. 仪表常用材料的基本知识
	(二) 使用与维护	1. 能按仪表操作规程使用和维护压力、温度、流量、液位等仪表 2. 能对现场仪表进行防冻、防腐、防泄漏处理	1. 化工仪表操作规程 2. 仪表防冻、防腐、防泄漏处理方法
	(三) 检修与投入运行	1. 能对压力、温度、流量、液位等仪表进行检修和调试 2. 能对压力、温度、流量、液位等仪表投入运行 3. 能进行误差计算	1. 压力、温度、流量、液位等仪表的检修知识 2. 压力、温度、流量、液位等仪表投入运行的规程
二、化工分析仪表维修	(一) 维修前的准备	1. 能识读带控制点的工艺流程图 2. 能识读分析仪表供电、供气原理图 3. 能识读本岗位在线分析系统结构框图及接线图 4. 能识读可燃气体报警器、有毒气体报警器、火灾报警检测器分布图 5. 能根据维修需要选用标准仪表、工具、器具和材料	1. 工艺生产过程和设备基本知识 2. 自控仪表图例相关知识 3. 标准仪表的使用方法及注意事项 4. 工具、器具的使用方法及注意事项 5. 化学试剂的物性知识、使用方法及安全注意事项

续表

职业功能	工作内容	技能要求	相关知识
二、化工分析仪表维修	（二）使用与维护	1．能使用和维护酸度计、电导仪等分析仪表 2．能使用和维护可燃气体报警器 3．能使用万用表、兆欧表等测试仪表 4．能对酸度计、电导仪等在线分析仪表进行防冻、防腐、防泄漏处理	1．酸度计、电导仪等分析仪表的工作原理及使用方法 2．可燃气体报警器的工作原理及使用方法 3．万用表、兆欧表等测试仪表的工作原理及使用方法 4．酸度计、电导仪等在线分析仪表的防冻、防腐、防泄漏处理方法
	（三）检修与投入运行	1．能对酸度计、电导仪等分析仪器进行检修、调试及投入运行 2．能计算酸度计、电导仪等分析仪器测量误差 3．能进行计量单位换算	1．酸度计、电导仪等分析仪器及可燃气体报警器的检修规程 2．酸度计、电导仪等分析仪器和可燃气体报警器的调试及投入运行方法 3．仪表测量误差知识 4．计量单位及换算知识
	（四）故障判断与处理	1．能判断和处理酸度计、电导仪等分析仪器的故障 2．能判断酸度计、电导仪电极的使用情况 3．能判断和处理可燃气体报警器的故障	1．酸度计、电导仪等分析仪器的故障寻找及排除方法 2．酸度计、电导仪电极结构知识 3．可燃气体报警器的故障判断及处理方法

3.2 中级

职业功能	工作内容	技能要求	相关知识
一、化工仪表维修	（一）维修前的准备	1．能识读仪表及自控系统原理图 2．能识读仪表管件接头等零件加工图	1．自动控制系统的组成及功能 2．机械加工基本知识
	（二）使用与维护	1．能使用和维护智能仪表 2．能使用和维护单回路控制系统	1．智能仪表基本知识 2．仪表及自动控制系统的使用注意事项和防护措施
	（三）检修与投入运行	1．能对单回路控制系统进行检修和投入运行 2．能进行信号报警联锁系统的解除与投入运行	1．单回路控制系统仪表的检修规程 2．信号报警联锁系统基本知识
	（四）故障判断与处理	1．能判断和排除正在运行的压力、温度、流量、液位等仪表的故障 2．能根据仪表记录数据或曲线等信息判断事故的原因 3．能排除仪表供电、供气故障 4．能处理生产过程中单回路控制系统出现的故障	1．压力、温度、流量、液位等仪表的工作原理 2．仪表故障原因的分析方法 3．仪表电源、气源要求 4．单回路控制系统知识
二、化工分析仪表维修	（一）维修前的准备	1．能识读自动控制系统原理图 2．能识读在线分析系统及可燃气体报警器回路图 3．能识读单流路预处理系统原理图	1．自动控制系统的组成及功能 2．在线分析系统及可燃气体报警器回路图的识读方法 3．单流路样品预处理系统知识

续表

职 业 功 能	工 作 内 容	技 能 要 求	相 关 知 识
二、化工分析仪表维修	（二）使用与维护	1. 能使用和维护红外线分析仪、氧分析仪、微量水分析仪等分析仪表 2. 能使用和维护有毒气体报警器 3. 能使用和维护单流路预处理系统 4. 能使用标准信号发生器、频率发生器等测试仪表 5. 能识读分析仪表发出的报警信息	1. 红外线分析仪、氧分析仪、微量水分析仪等分析仪表的工作原理及使用方法 2. 有毒气体报警器的工作原理及使用方法 3. 单流路预处理系统的维护知识 4. 标准信号发生器、频率发生器等测试仪表的使用方法
	（三）检修、调试与投入运行	1. 能对红外线分析仪、氧分析仪、微量水分析仪等分析仪表进行检修、调试及投入运行 2. 能对有毒气体报警器进行检修、调试及投入运行 3. 能对单流路预处理系统进行检修、调试及投入运行	1. 红外线分析仪、氧分析仪、微量水分析仪等分析仪表的检修规程 2. 有毒气体报警器的检修规程 3. 单流路预处理系统的检修规程
	（四）故障判断与处理	1. 能判断和处理红外线分析仪、氧分析仪、微量水分析仪等分析仪表的故障 2. 能判断和处理有毒气体报警器的故障 3. 能判断和处理单流路预处理系统的故障	1. 红外线分析仪、氧分析仪、微量水分析仪等分析仪表的故障判断及处理方法 2. 有毒气体报警器的故障判断及处理方法 3. 单流路预处理系统的故障判断及处理方法

3.3 高级

职 业 功 能	工 作 内 容	技 能 要 求	相 关 知 识
一、化工仪表维修	（一）维修前的准备	1. 能识读自动化仪表工程施工图 2. 能识读与仪表有关的机械设备装配图 3. 能根据仪表维修需要自制安装检修用的专用工具 4. 能根据仪表维修需要选用适用的材料及配件	1. 自动化仪表施工及验收技术规范 2. 与仪表有关的机械设备装配知识 3. 检修工具的制作方法 4. 材料、配件的性能及使用知识
	（二）使用与维护	1. 能对串级、比值、均匀、分程、选择、前馈等复杂控制系统进行维护 2. 能对计算机控制系统的各类卡件进行维护 3. 能对智能仪表进行参数设置与维护	1. 串级、比值、均匀、分程、选择、前馈等复杂控制系统的维护知识 2. 计算机控制系统卡件知识 3. 智能仪表操作方法
	（三）检修与投入运行	1. 能对串级、比值、均匀、分程、选择、前馈等控制系统进行检修和投入运行 2. 能对信号报警联锁系统进行调试	1. 串级、比值、均匀、分程、选择、前馈等控制系统仪表的检修规程 2. 信号报警联锁系统的逻辑控制知识

续表

职业功能	工作内容	技能要求	相关知识
一、化工仪表维修	（四）故障判断与处理	1. 能判断和排除串级、比值、均匀、分程、选择、前馈等复杂控制系统出现时故障 2. 能利用计算机控制系统操作站上的相关信息分析事故原因并进行故障处理	1. 串级、比值、均匀、分程、选择、前馈等复杂控制系统的故障判断与处理方法 2. 计算机控制系统的基本知识
二、化工分析仪表维修	（一）维修前的准备	1. 能识读自动化仪表工程施工图 2. 能识读与仪表有关的机械设备装配图 3. 能根据工作要求自制安装检修用的专用工具 4. 能根据工作要求选用适用的材料及配件	1. 自动化仪表施工及验收技术规范 2. 分析仪表有关的机械设备装配知识 3. 材料、配件的性能及使用知识
	（二）使用与维护	1. 能使用和维护气相色谱仪等分析仪表及其外围设备 2. 能使用和维护可燃气体报警等系统 3. 能维护多流路样品预处理系统	1. 气相色谱仪等分析仪表及其外围设备的工作原理及使用方法 2. 可燃气体报警等系统知识 3. 多流路样品预处理系统知识
	（三）检修、调试与投入运行	1. 能对气相色谱仪等分析仪器及其外围设备进行检修、调试及投入运行 2. 能对可燃气体报警等系统进行检修、调试及投入运行 3. 多流路样品预处理系统进行检修、调试及投入运行	1. 气相色谱仪等分析仪器及其外围设备的检修规程 2. 可燃气体报警等系统的检修规程 3. 多流路样品预处理系统的检修规程
	（四）故障判断与处理	1. 能判断和处理气相色谱仪及其外围设备的故障 2. 能判断和处理可燃气体报警等系统的故障 3. 能判断和处理多流路预处理系统的故障	1. 气相色谱仪等分析仪器及其外围设备的故障判断与处理方法 2. 可燃气体报警等系统的故障判断与处理方法 3. 多流路预处理系统的故障判断与处理方法

3.4 技师

职业功能	工作内容	技能要求	相关知识
一、化工仪表维修	（一）使用与维护	1. 能根据化工工艺要求对控制系统的参数进行整定 2. 能使用和维护紧急停车系统 3. 能对输入输出点数在 2000 点以下的计算机控制系统进行维护	1. 控制系统参数整定知识 2. 紧急停车系统的基本知识 3. 计算机控制系统的基本原理
	（二）检修与投入运行	1. 能对 I/O 点数在 2000 点以下的控制系统进行检修和投入运行 2. 能对紧急停车系统进行调试	1. 计算机控制系统的检修规程 2. 化工工艺操作规程
	（三）故障判断与处理	1. 能判断和处理计算机控制系统的故障 2. 能判断和处理紧急停车系统的故障	1. 计算机控制系统的故障排除方法 2. 紧急停车系统的故障排除方法

续表

职业功能	工作内容	技能要求	相关知识
二、化工分析仪表维修	（一）使用与维护	1. 能使用和维护质谱仪、分析仪表工作站、在线密度计等分析仪表 2. 能编制在线分析成套系统的维护规程	1. 质谱仪、分析仪表工作站、在线密度计等分析仪表的工作原理 2. 维护规程编写标准规范知识
	（二）检修与投入运行	1. 能对在线分析仪表工作站、在线密度计等进行检修、调试及投入运行 2. 能对在线分析成套系统进行拆卸、清洗、组装、调试和投入运行	1. 在线分析仪表工作站、在线密度计等系统的维修规程 2. 在线分析成套系统的检修知识
	（三）故障判断与处理	1. 能判断和处理在线分析仪表工作站、在线密度计等分析系统的故障 2. 能利用计算机控制系统及分析仪表的相关信息判断并处理故障	1. 在线分析仪表工作站、在线密度计等系统的故障判断与处理方法 2. 计算机控制系统及分析仪表的故障信息知识
三、管理	（一）质量管理	1. 能组织开展质量攻关 2. 能组织相关人员进行协同作业	相关的计量、质量标准和技术规范
	（二）生产管理	能组织相关岗位进行协同作业	生产管理基本知识
四、培训与指导	（一）理论培训	1. 能撰写生产技术总结 2. 能对本职业初级、中级、高级操作人员进行理论培训	1. 技术总结撰写知识 2. 职业技能培训教学方法
	（二）操作指导	1. 能传授特有操作技能和经验 2. 能对本职业初级、中级、高级操作人员进行现场操作指导	—

3.5 高级技师

职业功能	工作内容	技能要求	相关知识
一、化工仪表维修	（一）使用与维护	1. 能对计算机控制系统进行维护 2. 能对计算机控制系统进行组态 3. 能进行技改项目的自动控制系统改造方案的设计和仪表选型	1. 计算机控制系统组态知识 2. 自控设计基本知识
	（二）检修、调试与投入运行	1. 能调试多变量耦合等先进控制系统并投入运行 2. 能对机电一体化控制系统进行检修与投入运行	1. 多变量耦合等先进控制系统知识 2. 机电一体化基本知识
	（三）故障判断与处理	1. 能对计算机控制系统网络的故障进行判断和处理 2. 能对因控制系统引起的生产装置的非正常停车进行紧急处理	1. 计算机控制系统网络的故障判断和处理方法 2. 化工生产过程的基本知识
二、化工分析仪表维修	（一）故障判断与处理	1. 能对因分析仪表引起的生产装置的非正常停车进行紧急处理，恢复正常生产 2. 能对分析仪表通信故障进行判断和处理	1. 化工工艺操作规程 2. 分析仪表通信故障的判断和处理方法

续表

职业功能	工作内容	技能要求	相关知识
二、化工分析仪表维修	（二）检修与投入运行	1. 能对带控制及联锁的在线分析系统进行检修、调试及投入运行 2. 能判断在线分析仪表系统在运行中引起误差的原因	1. 仪表控制、报警、联锁与工艺过程的关系 2. 在线分析仪表系统的误差知识
三、管理	（一）质量管理	1. 能制定各项质量标准 2. 能制定质量管理方法和提出改进措施 3. 能按质量管理体系要求指导工作	1. 质量分析与控制方法 2. 质量管理体系的相关知识
	（二）生产管理	1. 能协助编制生产计划、调度计划 2. 能协助进行人员的管理 3. 能组织实施本装置的技术改进措施项目	1. 生产计划的编制方法和基本知识 2. 项目技术改造措施实施的相关知识
	（三）技术改进	1. 能编写工艺、设备的改进方案 2. 能参与重大控制方案的审定	1. 工艺、设备改进方案的编写要求 2. 控制方案的编写知识
四、培训与指导	（一）理论培训	1. 能撰写技术文章 2. 能编写培训大纲	1. 技术文章撰写知识 2. 培训计划、教学大纲的编写知识 3. 本职业的理论及实践操作知识
	（二）操作指导	1. 能对技师进行现场指导 2. 能系统讲授本职业的主要知识	

4.比重表

4.1 理论知识

项 目		初级（%）	中级（%）	高级（%）	技师（%）	高级技师（%）
基本要求	职业道德	5	5	5	5	5
	基础知识	25	25	20	15	10
相关知识	检修前的准备	20	15	10	—	—
	使用与维护	30	25	22	15	10
	故障判断与处理	10	15	23	35	40
	检修与投入运行	10	15	20	20	24
	培训与指导	—	—	—	6	6
	管理	—	—	—	4	5
	合计	100	100	100	100	100

4.2 操作技能

项 目		初级（%）	中级（%）	高级（%）	技师（%）	高级技师（%）
技能要求	检修前的准备	20	20	15	—	—
	使用与维护	60	50	30	20	15
	故障判断与处理	10	15	25	40	40
	检修与投入运行	10	15	30	30	32
	培训与指导	—	—	—	6	7
	管理	—	—	—	4	6
	合计	100	100	100	100	100

附录 D
化学仪表中级工岗位规范

1. 范围

本规范规定了化学仪表中级工岗位的岗位职责、上岗标准、任职资格。

本规范适用于化学仪表中级工作岗位。

2. 岗位职责

2.1 职能范围与工作内容

2.1.1 对所辖设备、化学分析仪表、在线仪表、压力仪表、流量仪表、温度仪表、自动程控仪表、化验室仪表、运行分析仪表，进行检修、维护和校验工作。

2.1.2 按照设备分工，每日巡视检查所分管的设备，发现异常，及时处理。

2.1.3 每日下班前向班长汇报当日工作情况及设备出现的问题。

2.1.4 在检修工作中应遵守安全工作规程、检修工艺规程。

2.1.5 按时参加技术培训，认真听课，不断提高检修质量。

2.1.6 积极学习、应用新技术、新工艺、新材料，提高设备检修质量。

2.2 技术管理要求

2.2.1 做好设备检修记录、校验记录，认真进行自检，发现问题及时分析并查找原因。

2.2.2 班上设备台账、图纸资料、备品配件等应齐全并放置有序。

2.3 工作协作关系

2.3.1 行政上受班长领导，技术上接受技术负责人指导。

2.3.2 在检修工作中需要其他工种配合时，应提前提出要求，组长安排解决或自己联系解决。

2.3.3 设备检修时，应取得运行人员的同意。

2.4 文明生产要求

2.4.1 定期清扫本班所管辖的卫生专责区，搞好班内卫生，做到干净整齐。

2.4.2 文明施工、文明检修，做到工完料净场地清。

2.4.3 要求设备无"七漏"现象，做到设备物见本色、标志清晰。

2.4.4 进入生产现场必须按规定着装。

3. 上岗标准

3.1 政治思想和职业道德

3.1.1 坚持四项基本原则，拥护党的方针政策，政治上与党中央保持一致，实事求是，密切联系群众，廉洁奉公，遵纪守法。

3.1.2 爱岗敬业，事业心和责任感强，忠于职守，开拓进取。

3.2 必备知识

3.2.1 熟悉机械制图基本知识。

3.2.2 熟悉工业电子学基本知识，如脉冲和振荡电路的工作原理和计算方法等。

3.2.3 熟悉仪器分析、工业自动化和微机应用的基本知识。

3.2.4 熟悉化学水处理的原理、方法、所用设备的名称、用途及运行操作方式。

3.2.5 熟悉本工种所属复杂的在线化学仪表的名称、规格、构造、工作原理、运行操作、调校方法及检修工艺知识。

3.2.6 熟悉化学仪表和程控装置的安装知识、投运步骤、方法及质量验收标准。

3.2.7 熟悉报警、联锁、保护系统的构成、工作原理、调校方法、投运步骤及要求。

3.2.8 熟悉化学仪表各类发送器的名称、构造、工作原理和安装要求。

3.2.9 熟悉本工种范围仪器仪表、程控装置的故障原因和排除方法，以及配合水处理设备的启、停、运行、操作的相关要求。

3.2.10 熟悉精密工具、量具、数字电压表、电导率表、钠表等的名称、规格、作用、使用规程和维护、保养方法。

3.2.11 熟悉较复杂的电子元器件、金属、电工材料、备品配件的名称、规格、性能、作用，以及鉴别和筛选方法。

3.2.12 熟悉电工、热工、钳工一般知识。

3.2.13 熟悉质量管理的一般知识。

3.3 生产技术规程

3.3.1 熟知并执行《电力工业技术管理法规》《电业安全工作规程》《电业生产事故调查规程》《火力发电厂生产辅助设备评价标准》《化学运行规程》《化学仪表检修工艺规程》《火力发电厂热工仪表及控制装置监督条例》中有关条文的规定。

3.3.2 了解《化学监督制度》《热工计量器具检定规程》有关内容。

3.4 技能要求

3.4.1 看懂精密仪器、仪表和程控装置的原理图、接线图，以及较复杂的测量和控制装置的系统图，能绘制一般零件加工图。

3.4.2 用精练、准确的技术语言汇报和联系工作。

3.4.3 正确进行较复杂电路的计算和分析工作。

3.4.4 整理调校资料，填写调校和检修台账。

3.4.5 按照资料和图纸要求安装化学仪表、程控装置仪表、管道、电缆及管缆。

3.4.6 熟练地进行复杂仪表的调校和标定工作，并根据校验结果正确进行误差分析。

3.4.7 根据离子交换器等水处理设备的工况变动，正确调整程控装置的步骤和程序驱动时间。

3.4.8 在指导下编制控制程序，输入微机。随机操作，应用微机进行数据处理和生产技术管理。

3.4.9 根据误差理论和生产需要，正确选用仪器、仪表检修复杂的化学仪表，解决技术难题。

3.4.10 根据图纸要求，制作印制电路板，更换程控装置中老化和损坏的板件。

3.4.11 用烙铁进行精细和复杂的焊接工作。

3.4.12 分析、判断和处理本工种所属仪器、仪表较复杂的故障，处理联锁和自控回路中的常见故障。

3.4.13 掌握刮削、修理、装配等钳工操作工艺。
3.4.14 进行简单的起重工作。
3.5 任职资格
3.5.1 文化程度。具有电力类技校文化程度或同等学历。
3.5.2 工作经历。具有 3 年以上本专业实际工作经历，并取得本岗位合格证书。
3.5.3 专业技术资格。具有工程系列初级专业技术资格。
3.5.4 身体条件。身体健康，没有妨碍本岗位工作的疾病。

附录 E

任务单

任务名称: 部署透明工厂信息采集系统	微课资源: 透明工厂视频	任课教师:	班级: 小组:
活动名称: 活动一　装调透明工厂定量分装系统	讲义页码:	学生姓名:	日期:

任务一　部署透明工厂信息采集系统

环节一　情境描述

1. 透明工厂与普通工厂有什么不同？如何实现生产过程控制信息化和管理信息化？

2. 透明工厂主要采用了哪些传感器？

3. 本任务的具体要求是什么？

完成时间:	评估：理论知识　　实操能力　　社会能力　　独立能力

任务名称： 部署透明工厂信息采集系统	微课资源： 透明工厂视频	任课教师：	班级： 小组：
活动名称： 活动一　装调透明工厂定量分装系统	讲义页码：	学生姓名：	日期：

环节二　信息收集

一、认知传感器

1．通过查阅资料、观看视频等，请各小组推荐一名同学，讲述传感器的概念、作用。

2．通过查阅资料、观看视频等，请各小组推荐一名同学，讲述自己熟悉的某种传感器可能的组成，并将所知道的传感器进行分类。

| 完成时间 | | 评估：理论知识　　实操能力　　社会能力　　独立能力 | |

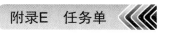

任务名称: 部署透明工厂信息采集系统	微课资源: 透明工厂视频	任课教师:	班级: 小组:
活动名称: 活动一　装调透明工厂定量分装系统	讲义页码:	学生姓名:	日期:

二、认知应变式电阻传感器

围绕"装调透明工厂定量分装系统"活动内容,完成以下相关知识和技能的学习与训练。

1. 画出应变式电阻传感器的结构框图。

2. 简述敏感元件和应变片的功能。

完成时间	评估:理论知识　实操能力　社会能力　独立能力

任务名称： 部署透明工厂信息采集系统	微课资源： 透明工厂视频	任课教师：	班级： 小组：
活动名称： 活动一　装调透明工厂定量分装系统	讲义页码：	学生姓名：	日期：

3．试比较金属应变片和半导体应变片的异同点。

完成时间	评估：理论知识　　实操能力　　社会能力　　独立能力

任务名称：	微课资源：	任课教师：	班级：
部署透明工厂信息采集系统	透明工厂视频		小组：
活动名称：	讲义页码：	学生姓名：	日期：
活动一　装调透明工厂定量分装系统			

4. 分析用于测量起吊重量的拉力传感器的工作原理。

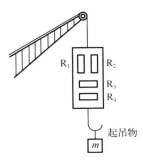
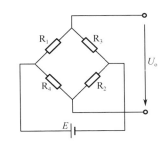

完成时间	评估：理论知识　实操能力　社会能力　独立能力

任务名称： 部署透明工厂信息采集系统	微课资源： 透明工厂视频	任课教师：	班级： 小组：
活动名称： 活动一　装调透明工厂定量分装系统	讲义页码：	学生姓名：	日期：

5．在装调定量分装系统的过程中，设置物料定量、分选速度、分选位置的主要部件是什么？

完成时间		评估：理论知识　　实操能力　　社会能力　　独立能力

任务名称：	微课资源：	任课教师：	班级：
部署透明工厂信息采集系统	透明工厂视频		小组：
活动名称：	讲义页码：	学生姓名：	日期：
活动一　装调透明工厂定量分装系统			

6. 画出定量分装系统的结构框图。

7. 根据装调过程，说明保证系统正常工作的关键所在。

完成时间		评估：理论知识　　实操能力　　社会能力　　独立能力

任务名称： 部署透明工厂信息采集系统	微课资源： 透明工厂视频	任课教师：	班级： 小组：
活动名称： 活动二 装调透明工厂物料分拣系统	讲义页码：	学生姓名：	日期：

三、认知电感式传感器

围绕"装调透明工厂物料分拣系统"活动内容，完成以下相关知识和技能的学习与训练。

1. 画出电感式传感器的结构框图。

2. 简述敏感元件和电磁线圈的功能和作用。

完成时间	评估：理论知识　实操能力　社会能力　独立能力

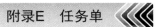

任务名称： 部署透明工厂信息采集系统	微课资源： 透明工厂视频	任课教师：	班级： 小组：
活动名称： 活动二 装调透明工厂物料分拣系统	讲义页码：	学生姓名：	日期：

3．试比较自感传感器、互感传感器和电涡流传感器的异同点。

| 完成时间 | | 评估：理论知识 实操能力 社会能力 独立能力 | |

任务名称： 部署透明工厂信息采集系统	微课资源： 透明工厂视频	任课教师：	班级： 小组：
活动名称： 活动二 装调透明工厂物料分拣系统	讲义页码：	学生姓名：	日期：

4. 查阅资料，分析用于探雷器的电感式传感器的工作原理。

完成时间		评估：理论知识 实操能力 社会能力 独立能力	

任务名称：	微课资源：	任课教师：	班级：
部署透明工厂信息采集系统	透明工厂视频		小组：
活动名称：	讲义页码：	学生姓名：	日期：
活动二 装调透明工厂物料分拣系统			

5. 在装调物料分拣系统的过程中，设置分拣物料材质、分拣速度、分拣位置的主要部件是什么？

完成时间	评估：理论知识　实操能力　社会能力　独立能力

任务名称：	微课资源：	任课教师：	班级：
部署透明工厂信息采集系统	透明工厂视频		小组：
活动名称：	讲义页码：	学生姓名：	日期：
活动二　装调透明工厂物料分拣系统			

6. 画出透明工厂物料分拣系统的结构框图。

7. 根据装调过程，说明保证系统正常工作的关键所在。

完成时间		评估：理论知识　　实操能力　　社会能力　　独立能力

任务名称：	微课资源：	任课教师：	班级：
部署透明工厂信息采集系统	透明工厂视频		小组：
活动名称：	讲义页码：	学生姓名：	日期：
活动三 装调透明工厂温度监控系统			

四、认知温度传感器

围绕"装调透明工厂温度监控系统"活动内容，完成以下相关知识和技能的学习与训练。

1. 简述温度传感器的分类及分类依据。

2. 画出温度传感器的工作原理框图。

完成时间	评估：理论知识　实操能力　社会能力　独立能力

任务名称： 部署透明工厂信息采集系统	微课资源： 透明工厂视频	任课教师：	班级： 小组：
活动名称： 活动三　装调透明工厂温度监控系统	讲义页码：	学生姓名：	日期：

3．试比较热电偶、热电阻及热释电红外传感器的异同点。

4．分析用于红外测量的热释电红外传感器的工作原理。

完成时间		评估：理论知识　实操能力　社会能力　独立能力

任务名称： 部署透明工厂信息采集系统	微课资源： 透明工厂视频	任课教师：	班级： 小组：
活动名称： 活动三　装调透明工厂温度监控系统	讲义页码：	学生姓名：	日期：

5. 在装调透明工厂温度监控系统的过程中，进行温度检测、设定测量精度和温度检测位置的主要部件是什么？

完成时间		评估：理论知识　实操能力　社会能力　独立能力	

任务名称： 部署透明工厂信息采集系统	微课资源： 透明工厂视频	任课教师：	班级： 小组：
活动名称： 活动三 装调透明工厂温度监控系统	讲义页码：	学生姓名：	日期：

6. 画出温度监控系统的结构框图。

7. 根据装调过程，说明保证系统正常工作的关键所在。

完成时间		评估：理论知识　实操能力　社会能力　独立能力

任务名称：	微课资源：	任课教师：	班级：
部署透明工厂信息采集系统	透明工厂视频		小组：
活动名称：	讲义页码：	学生姓名：	日期：
活动四 装调透明工厂湿度检测系统			

五、认知湿度传感器

围绕"装调透明工厂湿度检测系统"活动内容，完成以下相关知识和技能的学习与训练。

1．简述湿度传感器的分类及分类依据。

2．画出湿度传感器的工作原理框图。

完成时间	评估：理论知识　　实操能力　　社会能力　　独立能力

任务名称： 部署透明工厂信息采集系统	微课资源： 透明工厂视频	任课教师：	班级： 小组：
活动名称： 活动四　装调透明工厂湿度检测系统	讲义页码：	学生姓名：	日期：

3．试比较电阻式湿度传感器和电容式湿度传感器的异同点。

4．分析用于测量土壤湿度的土壤湿度传感器的工作原理。

完成时间	评估：理论知识　　实操能力　　社会能力　　独立能力

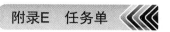

任务名称： 部署透明工厂信息采集系统	微课资源： 透明工厂视频	任课教师：	班级： 小组：
活动名称： 活动四　装调透明工厂湿度检测系统	讲义页码：	学生姓名：	日期：

5. 在装调透明工厂湿度检测系统的过程中，进行湿度检测、设定测量精度和湿度检测位置的主要部件是什么？

完成时间		评估：理论知识　实操能力　社会能力　独立能力	

任务名称： 部署透明工厂信息采集系统	微课资源： 透明工厂视频	任课教师：	班级： 小组：
活动名称： 活动四　装调透明工厂湿度检测系统	讲义页码：	学生姓名：	日期：

6．画出湿度检测系统的结构框图。

7．根据装调过程，说明保证系统正常工作的关键所在。

| 完成时间 | | 评估：理论知识　实操能力　社会能力　独立能力 | |

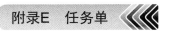

任务名称：	微课资源：	任课教师：	班级：
部署透明工厂信息采集系统	透明工厂视频		小组：

环节三　分析计划

1．分析任务，画出该任务的鱼骨图。

2．请写出任务中应用的知识点。

完成时间		评估：理论知识　　实操能力　　社会能力　　独立能力

任务名称：	微课资源：	任课教师：	班级：
部署透明工厂信息采集系统	透明工厂视频		小组：

3. 填写角色分配和任务分工与完成追踪表。

序 号	任务内容	参加人员	开始时间	完成时间	完成情况

4. 填写领料清单。

序 号	名 称	单 位	数 量

5. 填写工具清单。

序 号	名 称	单 位	数 量

完成时间	评估：理论知识　　实操能力　　社会能力　　独立能力

任务名称:	微课资源:	任课教师:	班级:
部署透明工厂信息采集系统	透明工厂视频		小组:

环节四 任务实施

1. 任务实施前。
(1) 参考分析计划环节,核查人员分工、材料、工具是否到位。
(2) 确认系统调试流程和方法,熟悉操作要领。
(3) 强调操作安全。
2. 任务实施中。
(1) 严格按照调试流程进行操作,遵守操作规定,按照要求填写工单。
(2) "小步慢进",认真检测,及时修正。
(3) 按照"角色分配和任务分工与完成追踪表"记录每个学生完成任务的情况。
(4) 严格落实 EHS 的各项规程,填写 EHS 落实追踪表。

EHS 落实追踪表			
	通用要素摘要	本次任务要求	落实评价
环境	评估任务对环境的影响		
	减少排放与有害材料		
	确保环保		
	5S 达标		
健康	配备个人劳保用具		
	分析工业卫生和职业危害		
	优化人机工程		
	了解简易急救方法		
安全	安全教育		
	危险分析与对策		
	危险品注意事项		
	防火、逃生意识		

3. 任务实施后。
任务实施结束后,严格按照 5S 要求进行收尾工作。

完成时间		评估:理论知识　实操能力　社会能力　独立能力

任务名称： 部署透明工厂信息采集系统	微课资源： 透明工厂视频	任课教师：	班级： 小组：

环节五　检验评估

1. 按要求验收任务成果。

2. 针对任务实施过程，依据职业综合能力对学生进行评价。

完成时间	评估：理论知识　　实操能力　　社会能力　　独立能力

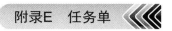

任务名称： 部署小区智能安防信息采集系统	微课资源： 小区智能安防视频	任课教师：	班级： 小组：
活动名称： 活动一　装调小区智能安防门禁系统	讲义页码：	学生姓名：	日期：

任务二　部署小区智能安防信息采集系统

环节一　情境描述

1．小区智能安防信息采集系统如何实现安防信息化？

2．小区智能安防信息采集系统主要采用了哪些传感器？

3．本任务的具体要求是什么？

| 完成时间 | | 评估：理论知识　　实操能力　　社会能力　　独立能力 | |

任务名称： 部署小区智能安防信息采集系统	微课资源： 小区智能安防视频	任课教师：	班级： 小组：
活动名称： 活动一　装调小区智能安防门禁系统	讲义页码：	学生姓名：	日期：

环节二　信息收集

一、认知电容式传感器

围绕"装调小区智能安防门禁系统"活动内容，完成以下相关知识和技能的学习与训练。

1. 试比较变极距式电容传感器、变面积式电容传感器和变介电常数式电容传感器的优缺点。

完成时间	评估：理论知识　　实操能力　　社会能力　　独立能力

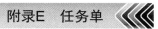

任务名称： 部署小区智能安防信息采集系统	微课资源： 小区智能安防视频	任课教师：	班级： 小组：
活动名称： 活动一　装调小区智能安防门禁系统	讲义页码：	学生姓名：	日期：

2．查阅资料，分析用于测量模板厚度的电容式传感器的工作原理。

完成时间		评估：理论知识　实操能力　社会能力　独立能力	

任务名称： 部署小区智能安防信息采集系统	微课资源： 小区智能安防视频	任课教师：	班级： 小组：
活动名称： 活动一 装调小区智能安防门禁系统	讲义页码：	学生姓名：	日期：

3. 请说明门禁系统中的主要部件和它们之间的关系。

完成时间	评估：理论知识　实操能力　社会能力　独立能力

任务名称：	微课资源：	任课教师：	班级：
部署小区智能安防信息采集系统	小区智能安防视频		小组：
活动名称：	讲义页码：	学生姓名：	日期：
活动一 装调小区智能安防门禁系统			

4．画出小区智能安防门禁系统的结构框图。

5．根据装调过程，说明保证系统正常工作的关键所在。

完成时间	评估：理论知识　实操能力　社会能力　独立能力

任务名称： 部署小区智能安防信息采集系统	微课资源： 小区智能安防视频	任课教师：	班级： 小组：
活动名称： 活动二 装调小区智能安防防盗系统	讲义页码：	学生姓名：	日期：

二、认知霍尔传感器

围绕"装调小区智能安防防盗系统"活动内容，完成以下相关知识和技能的学习与训练。

1．画出霍尔传感器的结构框图。

2．简述霍尔元件的功能。

完成时间	评估：理论知识　实操能力　社会能力　独立能力

任务名称： 部署小区智能安防信息采集系统	微课资源： 小区智能安防视频	任课教师：	班级： 小组：
活动名称： 活动二 装调小区智能安防防盗系统	讲义页码：	学生姓名：	日期：

3．分析用于测量转速的霍尔传感器的工作原理。

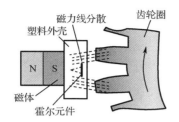 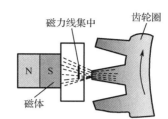

4．试比较线性型霍尔传感器和开关型霍尔传感器的异同点。

完成时间		评估：理论知识　实操能力　社会能力　独立能力

任务名称： 部署小区智能安防信息采集系统	微课资源： 小区智能安防视频	任课教师：	班级： 小组：
活动名称： 活动二 装调小区智能安防防盗系统	讲义页码：	学生姓名：	日期：

5．在防盗系统中，控制窗户打开和关闭的主要部件是什么？

6．根据装调过程，说明保证系统正常工作的关键所在。

完成时间		评估：理论知识　实操能力　社会能力　独立能力

任务名称：	微课资源：	任课教师：	班级：
部署小区智能安防信息采集系统	小区智能安防视频		小组：
活动名称：	讲义页码：	学生姓名：	日期：
活动三　装调小区周界防范报警系统			

三、认知光电传感器

围绕"装调小区周界防范报警系统"活动内容，完成以下相关知识和技能的学习与训练。

1．画出光电传感器的结构框图。

2．简述光敏元件（光敏电阻、光敏二极管、光敏三极管）的功能。

完成时间		评估：理论知识　　实操能力　　社会能力　　独立能力

任务名称： 部署小区智能安防信息采集系统	微课资源： 小区智能安防视频	任课教师：	班级： 小组：
活动名称： 活动三 装调小区周界防范报警系统	讲义页码：	学生姓名：	日期：

3．试比较光敏电阻型传感器、光敏二极管型传感器和光敏三极管型传感器的异同点。

4．分析烟尘浊度监测仪的工作原理。

完成时间		评估：理论知识　实操能力　社会能力　独立能力

任务名称:	微课资源:	任课教师:	班级:
部署小区智能安防信息采集系统	小区智能安防视频		小组:
活动名称:	讲义页码:	学生姓名:	日期:
活动三 装调小区周界防范报警系统			

5. 在小区周界防范报警系统中,实现入侵报警的主要部件有哪些?

6. 画出小区周界防范报警系统的结构框图。

7. 根据装调过程,说明保证系统正常工作的关键所在。

完成时间	评估:理论知识 实操能力 社会能力 独立能力

任务名称：	微课资源：	任课教师：	班级：
部署小区智能安防信息采集系统	小区智能安防视频		小组：

环节三　分析计划

1. 分析任务，画出该任务的鱼骨图。

2. 请写出任务中应用的知识点。

完成时间	评估：理论知识　　实操能力　　社会能力　　独立能力

任务名称： 部署小区智能安防信息采集系统	微课资源： 小区智能安防视频	任课教师：	班级： 小组：

3. 填写角色分配和任务分工与完成追踪表。

序 号	任务内容	参加人员	开始时间	完成时间	完成情况

4. 填写领料清单。

序 号	名 称	单 位	数 量

5. 填写工具清单。

序 号	名 称	单 位	数 量

完成时间	评估：理论知识　实操能力　社会能力　独立能力

任务名称：	微课资源：	任课教师：	班级：
部署小区智能安防信息采集系统	小区智能安防视频		小组：

环节四　任务实施

1．任务实施前。
(1) 参考分析计划环节，核查人员分工、材料、工具是否到位。
(2) 确认系统调试流程和方法，熟悉操作要领。
(3) 强调操作安全。
2．任务实施中。
(1) 严格按照调试流程进行操作，遵守操作规定，按照要求填写工单。
(2) "小步慢进"，认真检测，及时修正。
(3) 按照"角色分配和任务分工与完成追踪表"记录每个学生完成任务的情况。
(4) 严格落实 EHS 的各项规程，填写 EHS 落实追踪表。

<table>
<tr><td colspan="4" align="center">EHS 落实追踪表</td></tr>
<tr><td></td><td>通用要素摘要</td><td>本次任务要求</td><td>落 实 评 价</td></tr>
<tr><td rowspan="4">环境</td><td>评估任务对环境的影响</td><td></td><td></td></tr>
<tr><td>减少排放与有害材料</td><td></td><td></td></tr>
<tr><td>确保环保</td><td></td><td></td></tr>
<tr><td>5S 达标</td><td></td><td></td></tr>
<tr><td rowspan="4">健康</td><td>配备个人劳保用具</td><td></td><td></td></tr>
<tr><td>分析工业卫生和职业危害</td><td></td><td></td></tr>
<tr><td>优化人机工程</td><td></td><td></td></tr>
<tr><td>了解简易急救方法</td><td></td><td></td></tr>
<tr><td rowspan="4">安全</td><td>安全教育</td><td></td><td></td></tr>
<tr><td>危险分析与对策</td><td></td><td></td></tr>
<tr><td>危险品注意事项</td><td></td><td></td></tr>
<tr><td>防火、逃生意识</td><td></td><td></td></tr>
</table>

3．任务实施后。
任务实施结束后，严格按照 5S 要求进行收尾工作。

完成时间		评估：理论知识　　实操能力　　社会能力　　独立能力

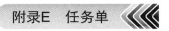

任务名称： 部署小区智能安防信息采集系统	微课资源： 小区智能安防视频	任课教师：	班级： 小组：

环节五　检验评估

1. 按要求验收任务成果。

2. 针对任务实施过程，依据职业综合能力对学生进行评价。

| 完成时间 | | 评估：理论知识　　实操能力　　社会能力　　独立能力 | |

任务名称： 部署智慧交通信息采集系统	微课资源： 智慧交通视频	任课教师：	班级： 小组：
活动名称： 活动一　装调电子警察系统	讲义页码：	学生姓名：	日期：

任务三　部署智慧交通信息采集系统

环节一　情境描述

1. 智慧交通信息采集系统如何实现交通信息化？

2. 智慧交通信息采集系统主要采用了哪些传感器？

3. 本任务的具体要求是什么？

完成时间	评估：理论知识　实操能力　社会能力　独立能力

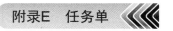

任务名称: 部署智慧交通信息采集系统	微课资源: 智慧交通视频	任课教师:	班级: 小组:
活动名称: 活动一 装调电子警察系统	讲义页码:	学生姓名:	日期:

环节二 信息收集

一、认知压电传感器

围绕装调电子警察系统活动内容,完成以下相关知识和技能的学习与训练。

1. 画出压电传感器的结构框图,并简述其工作原理。

2. 简述压电材料的分类和各类材料的性能特点。

完成时间	评估:理论知识 实操能力 社会能力 独立能力

任务名称： 部署智慧交通信息采集系统	微课资源： 智慧交通视频	任课教师：	班级： 小组：
活动名称： 活动一　装调电子警察系统	讲义页码：	学生姓名：	日期：

3．画出压电元件的两种等效电路。

完成时间	评估：理论知识　　实操能力　　社会能力　　独立能力

任务名称: 部署智慧交通信息采集系统	微课资源: 智慧交通视频	任课教师:	班级: 小组:
活动名称: 活动一 装调电子警察系统	讲义页码:	学生姓名:	日期:

4. 在装调电子警察系统的过程中,用于监测车辆行驶速度的主要部件有哪些?

完成时间	评估:理论知识 实操能力 社会能力 独立能力

任务名称: 部署智慧交通信息采集系统	微课资源: 智慧交通视频	任课教师:	班级: 小组:
活动名称: 活动一 装调电子警察系统	讲义页码:	学生姓名:	日期:

5. 画出电子警察系统的结构框图。

6. 根据装调过程,说明保证系统正常工作的关键所在。

完成时间		评估:理论知识 实操能力 社会能力 独立能力

任务名称： 部署智慧交通信息采集系统	微课资源： 智慧交通视频	任课教师：	班级： 小组：
活动名称： 活动二　装调智能化停车场管理系统	讲义页码：	学生姓名：	日期：

二、认知超声波传感器

围绕"装调智能化停车场管理系统"活动内容，完成以下相关知识和技能的学习与训练。

1．超声波有哪些特性？

2．画出超声波传感器的结构框图，简述超声波传感器是怎样完成检测的。

完成时间	评估：理论知识　　实操能力　　社会能力　　独立能力

任务名称： 部署智慧交通信息采集系统	微课资源： 智慧交通视频	任课教师：	班级：
活动名称： 活动二　装调智能化停车场管理系统	讲义页码：	学生姓名：	小组： 日期：

3．画出超声波传感器的单元电路，简述超声波测距的原理。

4．在装调智能化停车场管理系统的过程中，用于监测不同车型车辆占用车位状态的主要部件有哪些？

完成时间	评估：理论知识　　实操能力　　社会能力　　独立能力

任务名称: 部署智慧交通信息采集系统	微课资源: 智慧交通视频	任课教师:	班级: 小组:
活动名称: 活动二 装调智能化停车场管理系统	讲义页码:	学生姓名:	日期:

5. 画出智能化停车场管理系统的结构框图。

6. 根据装调过程,说明保证系统正常工作的关键所在。

完成时间		评估:理论知识 实操能力 社会能力 独立能力

任务名称： 部署智慧交通信息采集系统	微课资源： 智慧交通视频	任课教师：	班级： 小组：
活动名称： 活动三　装调防酒驾系统	讲义页码：	学生姓名：	日期：

三、认知气敏传感器

围绕"装调防酒驾系统"活动内容，完成以下相关知识和技能的学习与训练。

1．气敏传感器分为哪几类？

2．画出气敏传感器的结构框图，简述气敏传感器是怎样完成检测的。

完成时间	评估：理论知识　　实操能力　　社会能力　　独立能力

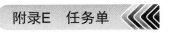

任务名称: 部署智慧交通信息采集系统	微课资源: 智慧交通视频	任课教师:	班级: 小组:
活动名称: 活动三 装调防酒驾系统	讲义页码:	学生姓名:	日期:

3. 画出气敏传感器的单元电路，简述其工作原理。

4. 在装调防酒驾系统的过程中，用于检测驾驶员酒驾状态的主要部件是什么？

完成时间		评估: 理论知识　实操能力　社会能力　独立能力

任务名称： 部署智慧交通信息采集系统	微课资源： 智慧交通视频	任课教师：	班级： 小组：
活动名称： 活动三　装调防酒驾系统	讲义页码：	学生姓名：	日期：

5. 画出防酒驾系统的结构框图。

6. 根据装调过程，说明保证系统正常工作的关键所在。

完成时间	评估：理论知识　实操能力　社会能力　独立能力

任务名称： 部署智慧交通信息采集系统	微课资源： 智慧交通视频	任课教师：	班级： 小组：

<h3 style="text-align:center">环节三   分析计划</h3>

1. 分析任务，画出该任务的鱼骨图。

2. 请写出任务中应用的知识点。

完成时间		评估：理论知识 实操能力 社会能力 独立能力

任务名称： 部署智慧交通信息采集系统	微课资源： 智慧交通视频	任课教师：	班级： 小组：

3．填写角色分配和任务分工与完成追踪表。

序 号	任务内容	参加人员	开始时间	完成时间	完成情况

4．填写领料清单。

序 号	名 称	单 位	数 量

5．填写工具清单。

序 号	名 称	单 位	数 量

完成时间	评估：理论知识　　实操能力　　社会能力　　独立能力

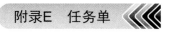

任务名称: 部署智慧交通信息采集系统	微课资源: 智慧交通视频	任课教师:	班级: 小组:

环节四 任务实施

1. 任务实施前。
(1) 参考分析计划环节,核查人员分工、材料、工具是否到位。
(2) 确认系统调试流程和方法,熟悉操作要领。
(3) 强调操作安全。
2. 任务实施中。
(1) 严格按照调试流程进行操作,遵守操作规定,按照要求填写工单。
(2) "小步慢进",认真检测,及时修正。
(3) 按照"角色分配和任务分工与完成追踪表"记录每个学生完成任务的情况。
(4) 严格落实 EHS 的各项规程,填写 EHS 落实追踪表。

EHS 落实追踪表			
	通用要素摘要	本次任务要求	落 实 评 价
环境	评估任务对环境的影响		
	减少排放与有害材料		
	确保环保		
	5S 达标		
健康	配备个人劳保用具		
	分析工业卫生和职业危害		
	优化人机工程		
	了解简易急救方法		
安全	安全教育		
	危险分析与对策		
	危险品注意事项		
	防火、逃生意识		

3. 任务实施后。
任务实施结束后,严格按照 5S 要求进行收尾工作。

完成时间		评估:理论知识　实操能力　社会能力　独立能力

任务名称： 部署智慧交通信息采集系统	微课资源： 智慧交通视频	任课教师：	班级： 小组：
<div>环节五　检验评估 1. 按要求验收任务成果。 2. 针对任务实施过程，依据职业综合能力对学生进行评价。 </div>			
完成时间	评估：理论知识　　实操能力　　社会能力　　独立能力		